Die

Elemente der Planimetrie

in

ihrer organischen Entwickelung.

Lehrbuch für jede Schule

von

Dr. E. Schindler,

Professor am Joachimsthal'schen Gymnasium zu Berlin.

II. Stufe:

Die wirkliche Größe der Umfänge der Figuren.

Berlin.

Verlag von Julius Springer.

1883.

ISBN-13: 978-3-642-48508-4   e-ISBN-13: 978-3-642-48575-6
DOI: 10.1007/978-3-642-48575-6

Inhalts-Verzeichnis der II. Stufe.

***

2. Abteilung:

Die Kongruenz der Umfänge der Figuren.

I. Das Dreieck.

Die Grund-Aufgaben GA.

2. Abteilung:

Die Kongruenz der Umfänge der Figuren.

I. Das Dreieck.

1. Ein Dreieck.

§ 59. Die Bildung des Dreiecks.

3 Gerade können entweder parallel gehen, oder sich in einem oder 2 Punkten schneiden. Im letzteren Falle gehen 2 Gerade parallel und werden von der 3ten Geraden in 2 Punkten geschnitten. In allen diesen Fällen entstehen bekannte Winkel und Winkel-Paare.

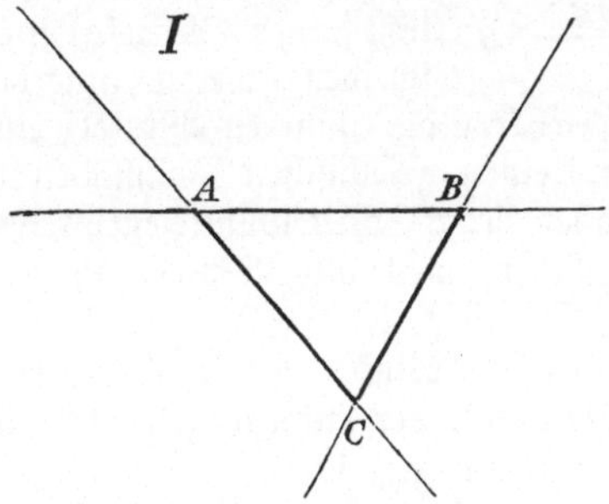

Wenn 3 Gerade so gerichtet sind, daß sich immer nur je 2 Gerade in einem Punkte schneiden, so schneiden sich dieselben nach F_2 § 18 in $\dfrac{3 \cdot 2}{2} = 3$ Punkten, von denen 3mal je 2 Punkte in einer Geraden liegen.

Diese 3 Geraden schließen eine Fläche von allen Seiten ein und bilden daher den Umfang einer Figur. Fig. I.

Nach § 6 heißen die Glieder eines Umfanges Seiten.

$\mathfrak{L}_{78}$ Dreiseit heißt eine von 3 Geraden begrenzte Figur.

$\mathfrak{L}_{79}$ Ecken heißen die Schnittpunkte zweier verschieden gerichteten Seiten eines Umfangs.

F_1. Ein Dreiseit hat (nach F_2 § 18) 3 Ecken.

$\mathfrak{L}_{80}$ Dreieck heißt eine Figur, deren Umfang 3 Ecken hat.

Der Name eines Dreiecks wird mit 3 großen lateinischen Buchstaben geschrieben und in derjenigen Buchstabenfolge gelesen, in welcher das Auge die Reihenfolge der Ecken am Umfang wahrnimmt. Da diese Reihenfolge eine doppelte, entgegengesetzte sein kann, so hat jedes Dreieck zwei entgegengesetzte Namen. Stellt man sich vor, daß innerhalb des Umfangs ein Uhrzeiger befestigt ist, so heißt derjenige Dreiecks-Name positiv, dessen Buchstabenfolge der positiven Drehung des Uhrzeigers entspricht, der andere entgegengesetzte Name negativ.

Zum Unterschiede von einem Winkel-Namen erhält der Dreiecks-Name ein vorangestelltes Dreiecks-Zeichen.

Nach Fig. I sind z. B. positiv die Namen $\triangle\,ABC$, $\triangle\,BCA$, $\triangle\,CAB$; negativ die Namen $\triangle\,BAC$, $\triangle\,ACB$, $\triangle\,CBA$.

§ 60. Die Dreiecks-Stücke.

Ein Dreiecks-Umfang läßt unterscheiden 3 Seiten. Die Maßzahlen der Seiten eines Dreiecks werden mit denjenigen kleinen lateinischen Buchstaben bezeichnet, welche den großen Buchstaben ihrer Gegenecken entsprechen. Die Längen-Einheit 1 m wird fortgelassen, weil alle Strecken-Zahlen als Meter-Zahlen angegeben werden. Vgl. Fig. I.

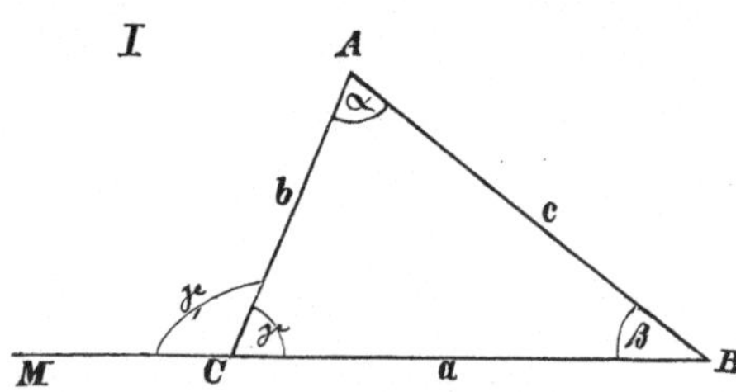

Ein Dreiecks-Umfang läßt ferner 3 Winkel unterscheiden, welche innerhalb des Umfangs liegen. Die Maßzahlen der inneren Winkel eines Dreiecks werden durch diejenigen kleinen griechischen Buchstaben bezeichnet, welche den großen Buchstaben ihrer Scheitelpunkte entsprechen. Die Winkel-Einheit 1° wird fortgelassen, weil alle Winkel-Zahlen als Grad-Zahlen angegeben werden. Vgl. Fig. I.

Ein Dreiecks-Umfang läßt auch solche Winkel unterscheiden, welche die Richtung eines inneren Schenkels mit der entgegengesetzten Richtung des folgenden bildet. $\angle\,ACM$ in Fig. I.

D₂₃   Außen-Winkel eines Dreiecks heißt derjenige Dreiecks-Winkel, welchen die Richtung eines inneren Schenkels mit der entgegengesetzten Richtung des folgenden bildet.

F₁. Jeder Außen-Winkel eines Dreiecks bildet mit dem anliegenden Innen-Winkel ein Nebenwinkel-Paar.

D₂₄   Dreiecks-Stücke heißen die Seiten und Winkel eines Dreiecks-Umfangs.

§ 61. Homologe Dreiecks-Stücke.

G₂₅   Kongruente Dreiecke sind gleich.

F₁. Gleiche Dreiecke haben gleiche Seiten und gleiche Winkel.

Die entsprechend gleichen Stücke gleicher Dreiecke sind daran erkennbar, daß die entsprechend gleichen Seiten entsprechend gleiche Gegenwinkel und entsprechend gleiche Winkel entsprechend gleiche Gegenseiten haben. Vgl. Fig. I.

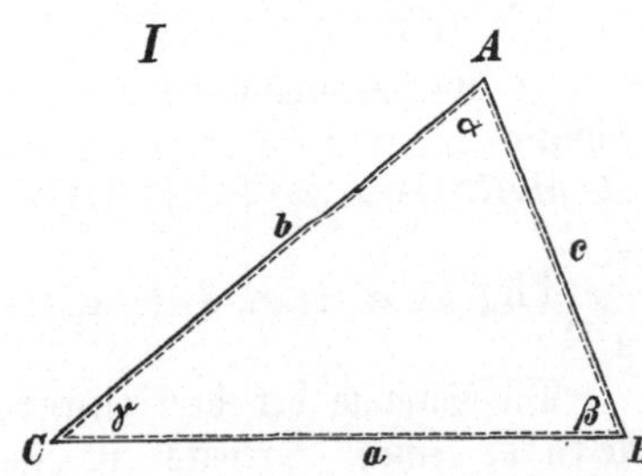

Homologe Stücke heißen in kongruenten Dreiecken die Gegenseiten gleicher Winkel und die Gegenwinkel gleicher Seiten.

F_2. In kongruenten Dreiecken sind die homologen Stücke einander gleich.

§ 62. Die Beziehungen der Dreiecks-Stücke.

Die Stücke eines Dreiecks bestehen in Seiten und Winkeln. Die gegenseitigen Beziehungen der Dreiecks-Stücke können daher dreifach verschieden sein.

1. Gegenseitige Beziehungen der Seiten.
2.   „   „   „ Winkel,
3.   „   „   „ Seiten und Winkel.

§ 63. Die Seiten des Dreiecks.

H. Gegeben $\triangle ABC$ mit den Strecken seiner Seiten $BC = a$, $CA = b$, $AB = c$. Fig. I.

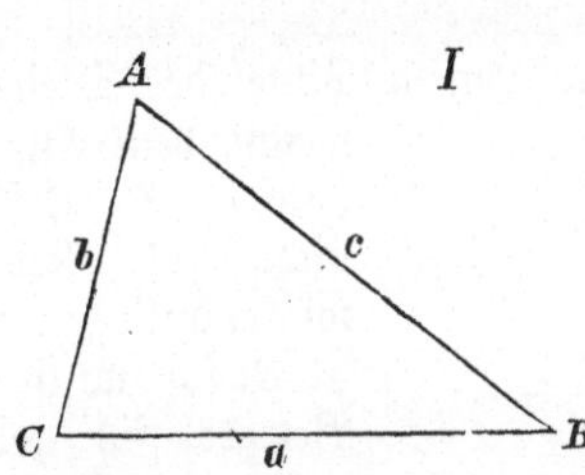

B. Nach G_6 § 10 ist $b + c > a$,
$$c + a > b,$$
$$a + b > c.$$

Da ferner $b + c > a$, so folgt, wenn man auf beiden Seiten b abzieht, $c > a - b$ oder $a - b < c$.

Ebenso ist $a + b > c$. Folglich durch Subtraktion von a: $b > c - a$ oder $c - a < b$; folglich durch Subtraktion von b: $a > c - b$ oder $c - b < a$.

Th. $c + b > a$ $c - b < a$,
$c + a > b$ und $c - a < b$,
$a + b > c$ $a - b < c$.

In einem Dreieck ist die Summe von 2 Seiten stets größer als die dritte Seite, und die Differenz von 2 Seiten stets kleiner als die dritte Seite.

§ 64. Die Winkel eines Dreiecks.

H. Gegeben $\triangle ABC$ mit seinen Winkeln $\angle BAC = \angle \alpha$, $\angle ABC = \angle \beta$, $\angle ACB = \angle \gamma$. Fig. I.

1*

B. Um die Dreiecks-Winkel mit bekannten Winkel-Paaren vergleichen zu können, konstruiere man durch A die Gerade $MN \parallel BC$. Dann ist $\angle MAC = \angle ACB = \angle \gamma$ als Wechselwinkel,
$$\angle NAB = \angle ABC = \angle \beta \text{ als Wechselwinkel.}$$

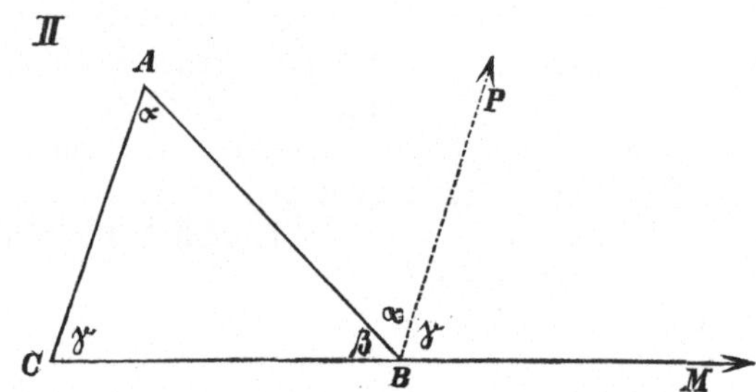

Folglich $\angle \alpha + \angle \beta + \angle \gamma = \angle MAC + \angle \alpha + \angle BAN = 2$ R.

Th. $\angle \alpha + \angle \beta + \angle \gamma = 2$ R.

Die Summe der drei inneren Winkel eines Dreiecks ist stets gleich 2 Rechten.

F_1. Wenn in einem Dreiecke 2 Winkel bekannt sind, so ist der dritte Winkel durch sie bestimmt.

H. Gegeben $\triangle ABC$ mit seinen 3 inneren Dreiecks-Winkeln und einem Außenwinkel $\angle ABM$. Fig. II.

B. Um den Außenwinkel $\angle ABM$ mit den inneren Dreiecks-Winkeln durch bekannte Winkel-Paare in Beziehung zu bringen, konstruiere man durch B die Gerade $BP \parallel CA$. Dann ist
$$\angle ABP = \angle BAC = \angle \alpha \text{ als Wechselwinkel,}$$
$$\angle PBM = \angle ACB = \angle \gamma \text{ als korrespondente Winkel.}$$
Folglich $\angle ABM = \angle ABP + \angle PBM = \angle \alpha + \angle \gamma$.
Folglich $\angle ABM - \angle \alpha = \angle \gamma$.

Th. $\angle ABM = \angle \alpha + \angle \gamma$ und $\angle ABM - \angle \alpha = \angle \gamma$.

Nun sind $\angle \alpha$ und $\angle \gamma$ diejenigen Innen-Winkel des Dreiecks, welche dem Außenwinkel $\angle ABM$ nicht als Nebenwinkel anliegen, wie $\angle \beta$; sodann ist der Beweis für jeden anderen Außenwinkel derselbe.

Der Außenwinkel eines Dreiecks ist stets gleich der Summe der beiden ihm nicht anliegenden Innen-Winkel; und der Unterschied eines Außenwinkels und eines ihm nicht anliegenden Innen-Winkels ist stets gleich dem anderen ihm nicht anliegenden Innen-Winkel.

F_1. Der Außenwinkel eines Dreiecks ist stets größer als ein ihm nicht anliegender Innen-Winkel.

F_2. In jedem Dreieck giebt es nur einen Rechten, und nur einen stumpfen Winkel.

F_3. In jedem Dreieck giebt es mindestes zwei spitze Winkel.

E_{82} Rechtwinklig heißt ein Dreieck, wenn ein Innen-Winkel ein Rechter ist.

E_{83} Stumpfwinklig heißt ein Dreieck, wenn ein Innen-Winkel ein stumpfer Winkel ist.

E_{84} Spitzwinklig heißt ein Dreieck, wenn alle Innen-Winkel spitze Winkel sind.

F_4. Nach den Winkeln werden die Dreiecke eingeteilt in recht-winklige, stumpfwinklige und spitzwinklige Dreiecke.

§ 65. Die Seiten und Winkel eines Dreiecks.

Wenn man die Seiten eines Dreiecks mit den Winkeln desselben vergleicht, und umgekehrt; so können je 2 verglichene Seiten, welche die Schenkel des von ihnen eingeschlossenen Winkels bilden, gleich oder ungleich sein.

E_{85} Gleichschenklig heißt ein Dreieck, wenn die Seiten, welche die Schenkel eines Innen-Winkels bilden, gleich lang sind.

E_{86} Gleichseitig heißt ein Dreieck, wenn alle 3 Seiten einander gleich sind.

F_1. Nach den Seiten werden die Dreiecke eingeteilt in gleich-schenklige und gleichseitige Dreiecke.

§ 66. Zwei gleiche Dreiecks-Stücke.

H. Gegeben $\triangle ABC$ mit $AB = AC = b$. Fig. I.

B. Wenn man $\triangle ABC$ annimmt als bestehend aus 2 kon-gruenten Dreiecken, von denen das Dreieck mit den punktierten Seiten

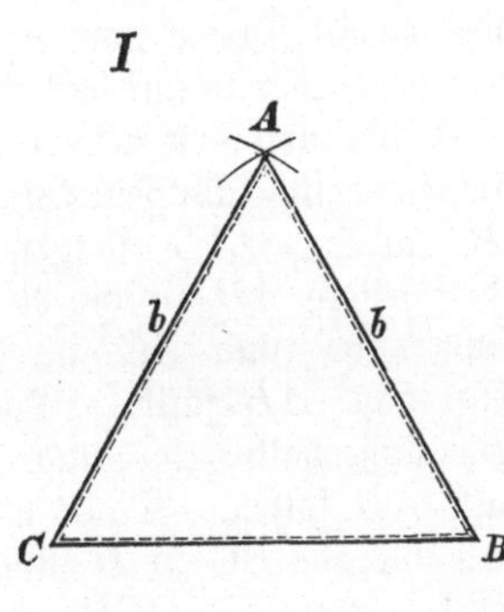

das zweite kongruente Dreieck sein soll; so kann man das zweite Dreieck vom ersten abheben und wieder so auf das erste legen, daß der von beiden gleichen Seiten eingeschlossene $\angle BAC$ mit $\angle CAB$ kongruent wird, daß jedoch AB in die Richtung von AC und AC in die Richtung von AB fällt. Dann muß, weil $AB = AC = b$ ist, B auf C und C auf B fallen; dann muß BC auf CB fallen; dann muß $\angle ABC \backsimeq \angle ACB$ sein.

Th. $\angle ABC = \angle ACB$.

$\angle ABC$ und $\angle ACB$ sind die Gegenwinkel der gleichen Seiten AC und AB.

L_{28} Wenn in einem Dreieck 2 Seiten gleich sind, so sind auch ihre Gegenwinkel gleich.

H. Gegeben $\triangle ABC$, darin $\angle ABC = \angle ACB = \angle \beta$. Fig. II.

B. Wenn man $\triangle ABC$ annimmt als bestehend aus 2 kongruenten Dreiecken, von denen das punktierte Dreieck das zweite

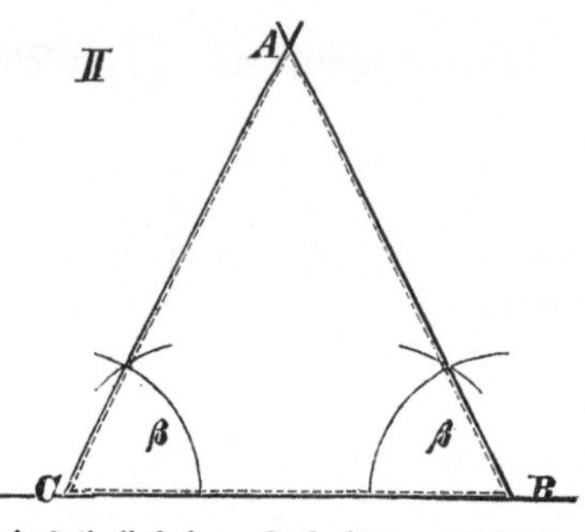

kongruente Dreieck sein soll; so kann man dies zweite Dreieck vom ersten abheben und wieder so auf das erste Dreieck legen, daß der beiden gleichen Winkeln gemeinsame Schenkel BC mit CB kongruent wird, daß jedoch $B \cong C$ und $C \cong B$ wird. Dann muß, wegen der Gleichheit der Winkel β, BA in die Richtung von CA und CA in die Richtung von BA und folglich der Schnittpunkt dieser beiden Seiten auf A fallen. Dann muß also $BA \cong CA$ sein.

Th. $BA = CA$.

BA und CA sind die Gegenseiten der beiden gleichen Winkel.

L_{29} Wenn in einem Dreiecke 2 Winkel gleich sind, so sind auch ihre Gegenseiten gleich.

F_1. L_{29} ist die Umkehrung von L_{28}.

§ 67. Zwei ungleiche Dreiecks-Stücke.

H. Gegeben $\triangle ABC$, darin $c > b$. Fig. I.

B. Wenn man $\triangle ABC$ annimmt als bestehend aus 2 kongruenten Dreiecken, von denen das punktierte Dreieck das zweite

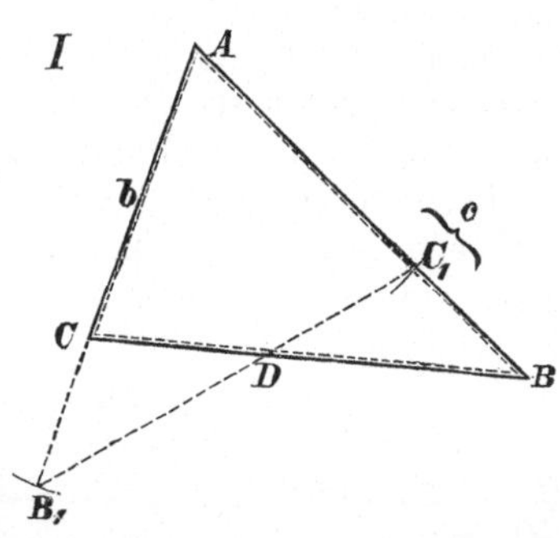

kongruente Dreieck sein soll; so kann man dies zweite Dreieck vom ersten abheben und wieder so auf das erste legen, daß der von den beiden ungleichen Seiten eingeschlossene Winkel $\angle BAC$ mit $\angle CAB$ kongruent wird, daß jedoch AB in die Richtung von AC und AC in die Richtung von AB fällt. Dann muß B_1 außerhalb AC und C_1 innerhalb AB fallen. Dann muß $B_1 C_1$ die Gerade BC in D schneiden. Dann ist $\angle ACD$ ein Außenwinkel von $\triangle DCB$, also muß $\angle ACB > \angle AB_1C_1$, also auch $\angle ACB > \angle ABC$ sein.

Th. $\angle ACB > \angle ABC$.

$\angle ACB$ ist der Gegenwinkel der größeren Seite c, $\angle ABC$ der Gegenwinkel der kleineren Seite b.

L_{30} Wenn in einem Dreiecke zwei Seiten ungleich sind, so sind die Gegenwinkel derselben entsprechend ungleich.

H. Gegeben $\triangle ABC$, darin $\angle \gamma > \angle \beta$. Fig. II.

B. Wenn man $\triangle ABC$ annimmt als bestehend aus 2 kongruenten Dreiecken, von denen das punktierte Dreieck das zweite kongruente Dreieck sein soll; so kann man dies zweite Dreieck vom ersten abheben und wieder so auf das erste Dreieck legen, daß der beiden ungleichen Winkeln gemeinsame Schenkel BC mit CB kongruent wird, daß jedoch $B \cong C$ und $C \cong B$ wird. Dann muß CA_1 innerhalb von $\angle \gamma$ und BA_1 außerhalb von $\angle \beta$ fallen.

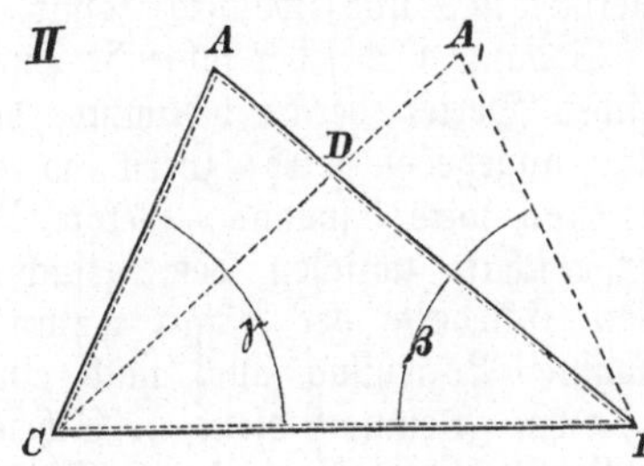

Dann muß A_1C die Gerade AB in D schneiden. Dann ist in $\triangle BDA_1$ $BD + DA_1 > BA_1$. Nun ist $CD = BD$, weil $\angle DCB = \angle DBC = \angle \beta$ ist. Folglich muß auch

$$CD + DA_1 > BA_1$$
folglich $\quad CA_1 > BA_1$
folglich $\quad BA > CA$ sein.

Th. $BA > CA$.

BA ist die Gegenseite des größeren Winkels $\angle \gamma$, CA ist die Gegenseite des kleineren Winkels $\angle \beta$.

L_{31} Wenn in einem Dreiecke 2 Winkel ungleich sind, so sind die Gegenseiten derselben entsprechend ungleich.

F_1. L_{31} ist die Umkehrung zu L_{30}.

Die Konstruktion eines Dreiecks aus Dreiecks-Stücken.

§ 68. Die geometrische Analyse.

Diejenige Methode, welche lehrt, geometrische Aufgaben dadurch aufzulösen, daß dieselben auf Grund-Aufgaben zurückgeführt werden, heißt die geometrische Auflösungs-Methode oder geometrische Analyse.

Da nach E_{13} § 11 Aufgaben solche Sätze sind, welche Konstruktionen nach Daten fordern, so muß jede Analyse aus 3 Teilen bestehen, deren erster die Darstellung der unbekannten Forderung, deren zweiter die Darstellung der bekannten Daten, deren dritter diejenigen Beziehungen zwischen Daten und unbekannter Forderung enthält, durch welche die gesuchte Konstruktion aufgelöst wird in Konstruktionen von Grund-Aufgaben.

Der erste Teil der geometrischen Analysis giebt daher die Zeichnung der Art der geforderten Figur mit ihren in Betracht kommenden Gliedern. Daß die Konstruktion dieser Figur erst gesucht ift, wird durch die Wahl der Buchstaben aus dem Ende des Alphabets zur Bezeichnung ihres Namens ausgedrückt.

Der zweite Teil bezeichnet in der Figur, welche Glieder derselben Daten sind.

Der dritte Teil bestimmt zunächst ein Glied der Figur, welches durch eine Grund=Aufgabe konstruierbar ist, und welches somit die Grundlage der Entwicklung bildet. Sodann wird jeder folgende Punkt als Schnittpunkt zweier geometrischen Oerter derart bestimmt, daß von demselben in natürlicher Folge angegeben wird: zuerst, welche bekannte Eigenschaft von ihm gesehen wird; sodann, welche Beziehungen von dieser bekannten Eigenschaft zwischen dem gesuchten Punkte und den bereits bekannten Gliedern der Figur gewußt werden; schließlich, ob diese gewußte Beziehung auch nach einer Grund=Aufgabe konstruiert werden kann. Demnach dient als Schema für die Bestimmung eines jeden Punktes der Figur durch Grund=Aufgaben die Entwicklungsfolge von: Ich sehe, ich weiß, ich kann. Kann die gesehene bekannte Eigenschaft des gesuchten Punktes direkt nach einer Grund=Aufgabe konstruiert werden, so fällt das „ich weiß" des Schemas naturgemäß fort.

Anm. Zur Abkürzung der schriftlichen Darstellung der Entwicklung des dritten Teils dient es, wenn ein bekannter geometrischer Ort z. B. für X durch die Hälfte einer Klammer bezeichnet wird, so daß ein nach Grund=Aufgaben vollständig bekannter Punkt X in der schriftlichen Darstellung als (X) erscheint. (X) bedeutet dann: bekannter Punkt X.

Der vollständigen Analyse folgt dann die Konstruktion oder Synthese nach den Daten. Die Entwicklung derselben wird durch die Anfangsbuchstaben des Alphabets derart gekennzeichnet, daß der zuerst konstruierte Punkt A, der zweite B u. s. f. heißt. Dabei sind die Maßzahlen der konstruierten Stücke in der Figur stets besonders zu bezeichnen. Aus der Art der Bezeichnung der Konstruktions=Figur muß daher die Reihenfolge der Konstruktionen ersichtlich sein.

Zuletzt folgt der Beweis dafür, daß die Konstruktion der Forderung der Aufgabe entspricht. Er muß daher so viel Teile enthalten, als Daten sind, und stets mit der Konstruktion des betreffenden Datums beginnen.

§ 69. Die Grund-Aufgaben des Dreiecks.

I. Grund=Aufgabe.

GA$_{29}$ Wenn von einem Dreiecke die 3 Seiten gegeben sind, so soll daraus das Dreieck konstruiert werden. Die Daten sind a, b, c.

Analyse.

1. Ich zeichne $\triangle XYZ$. Fig. I.
2. Wäre $\triangle XYZ$ das gesuchte, so müßte sein $YZ = a$, $XZ = b$, $XY = c$.

3. In $\triangle XYZ$ sehe ich bekannt $YZ = a$. Ich kann nach GA_6 § 23 eine Seite gleich a konstruieren. Daher (Y) und (Z). Von X sehe ich, daß er von (Y) um c entfernt ist.

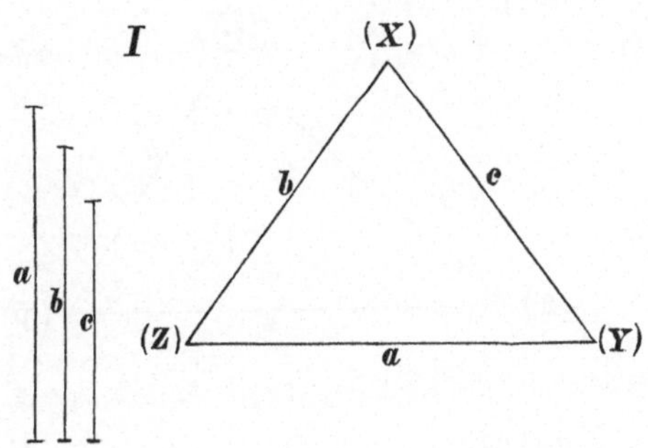

Ich weiß, daß solche Punkte in der Periphe=rie eines Kreises liegen, dessen Centrum (Y), dessen Radius c ist. Ich kann mit c als Radius um (Y) diese Peripherie kon=struieren. So ist ein geometrischer Ort für X bekannt, folglich $(X$. Von $(X$ sehe ich ferner, daß er von (Z) um b entfernt ist. Ich weiß, daß solche Punkte in der Peripherie eines Kreises liegen, dessen Centrum (Z), dessen Radius b ist. Ich kann mit b als Radius um (Z) diese Peripherie konstruieren. So ist für $(X$ der zweite geometrische Ort bekannt; folglich (X). Folglich $\triangle (XYZ)$.

Synthese.

Ich konstruiere $AB = a$, beschreibe mit b um A und mit c um B eine Peripherie, und nenne den Schnittpunkt C, so ist $\triangle ABC$ das gesuchte.

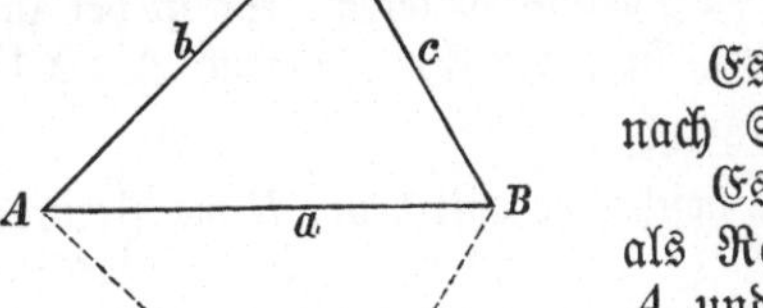

Beweis.

Es soll $AB = a$ sein. $AB = a$ nach Synthese.

Es soll $AC = b$ sein. $AC = b$ als Radius des Kreises mit Centrum A und Radius b nach Synthese.

Es soll $BC = c$ sein. $BC = c$ als Radius des Kreises mit Centrum B und Radius c.

Anm. 1. Die Daten müssen so gewählt werden, daß die Summe zweier Strecken größer ist als die dritte (L_{25} § 63).

Anm. 2. Da sich zwei Kreise in zwei Punkten schneiden, so giebt es stets zwei den Daten entsprechende Dreiecke auf ent=gegengesetzten Seiten der Grundlinie, die aber symmetrisch und mithin kongruent sind.

II. Grund=Aufgabe.

30   Wenn von einem Dreieck 2 Seiten und der von ihnen einge=

schlossene Winkel gegeben sind, so soll daraus das Dreieck konstruiert werden. Die Daten sind a, b, α.

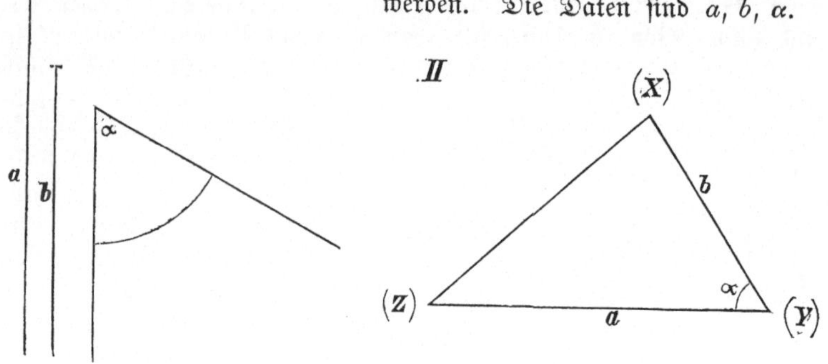

Analyse.

1. Ich zeichne $\triangle\,XYZ$. Fig. II.

2. Wäre $\triangle\,XYZ$ das gesuchte, so müßte sein $YZ = a$, $YX = b$, folglich $\measuredangle\,XYZ = \alpha$.

3. Ich sehe $YZ = a$. Ich kann eine Seite gleich a konstruieren. Folglich (Y) und (Z). Von X sehe ich, daß es von (Y) um b entfernt ist. Ich weiß, daß solche Punkte auf der Peripherie eines Kreises liegen, dessen Centrum (Y), dessen Radius b ist. Ich kann um (Y) mit b die Peripherie konstruieren. So ist ein geometrischer Ort für X bekannt. Also $(X$. Von $(X$ sehe ich ferner, daß er liegt auf dem einen Schenkel von $\triangle\,\alpha$, dessen Scheitelpunkt (Y), dessen anderer Schenkel (YZ) ist. Ich kann nach GA_{24} § 54 $\measuredangle\,\alpha$ an (YZ) in (Y) transportieren. So ist der zweite geometrische Ort für $(X$ bestimmt, folglich (X). Folglich $\triangle\,(XYZ)$.

Synthese.

Ich konstruiere $AB = a$, beschreibe mit b um B die Peripherie, transportiere $\measuredangle\,\alpha$ an AB in B, nenne den Schnittpunkt von Peripherie und zweitem Schenkel C, so ist $\triangle\,ABC$ das gesuchte.

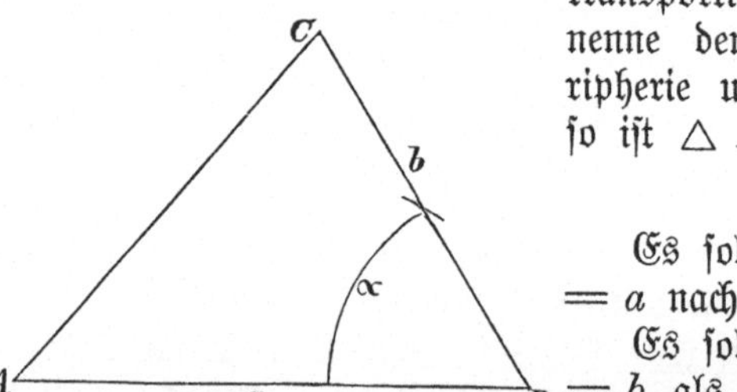

Beweis.

Es soll $AB = a$ sein. $AB = a$ nach Synthese.

Es soll $BC = b$ sein. $BC = b$ als Radius des Kreises mit Radius b um B nach Synthese.

Es soll der von a und b eingeschlossene Winkel $\measuredangle\,ABC = \alpha$ sein. $\measuredangle\,ABC = \alpha$ nach Synthese.

Anm. Es giebt immer nur ein diesen Daten entsprechendes Dreieck.

III. Grund-Aufgabe.

31 Wenn von einem Dreiecke 2 Seiten und der Gegenwinkel, der größeren von ihnen gegeben sind, so soll daraus das Dreieck konstruiert werden. Die Daten sind a, b, α.

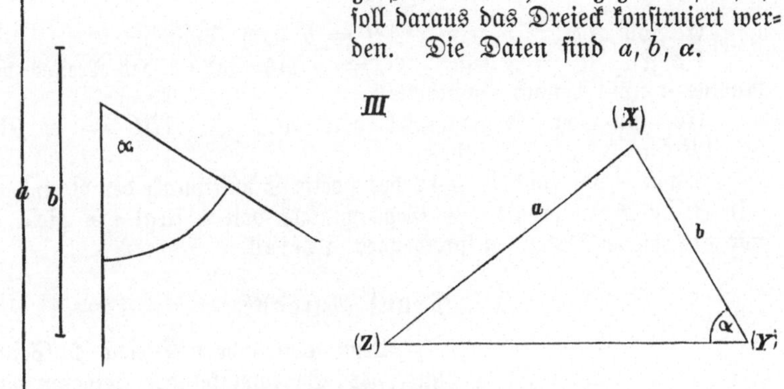

Analyse.

1. Ich zeichne $\triangle XYZ$. Fig. III.

2. Wäre $\triangle XYZ$ das gesuchte, so müßte sein $XZ = a$, $XY = b$, folglich $\angle XYZ = \angle \alpha$.

3.*) Ich sehe $XY = b$. Ich kann eine Seite gleich b konstruieren. Folglich (X) und (Y). Von Z sehe ich, daß es von von (X) um a entfernt ist. Ich weiß, daß solche Punkte auf der Peripherie des Kreises liegen, dessen Centrum (X), dessen Radius a ist. Ich kann mit a um (X) diese Peripherie konstruieren. So ist ein geometrischer Ort für Z bekannt. Also $(Z$. Von $(Z$ sehe ich ferner, daß es liegt auf dem einen Schenkel von $\angle \alpha$, dessen Scheitelpunkt (Y), dessen anderer Schenkel (YX) ist. Ich kann $\angle \alpha$ an (YX) in (Y) transportieren. So ist der zweite geometrische Ort für $(Z$ bekannt. Folglich (Z); folglich auch $\triangle (XYZ)$.

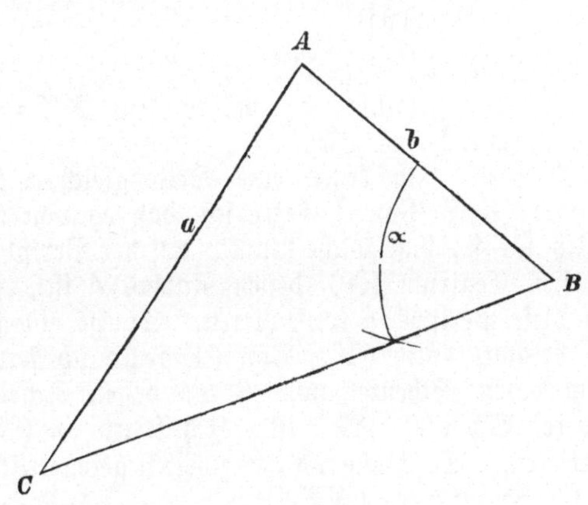

Synthese.

Ich konstruiere $AB = b$, beschreibe mit a um A die Peripherie, transportiere $\angle \alpha$

____

*) Die Analyse 3 beginnt mit derjenigen Seite, welche dem gegebenen Winkel anliegt.

an BA in B und nenne den Schnittpunkt von Peripherie und zweitem Schenkel C, so ist $\triangle ABC$ das gesuchte.

Beweis.

Es soll $AB = b$ sein. $AB = b$ nach Synthese.

Es soll $AC = a$ sein. $AC = a$ als Radius des Kreises mit Radius a um A nach Synthese.

Es soll der Gegenwinkel von AC: $\angle ABC = \alpha$ sein. $\angle ABC = \alpha$ nach Synthese.

Anm. Da nach F_4 § 42 der zweite Schnittpunkt der Peripherie mit BC stets außerhalb des Gegenwinkels von a liegt, so giebt es nur ein diesen Daten entsprechendes Dreieck.

IV. Grund=Aufgabe.

GA$_{32}$

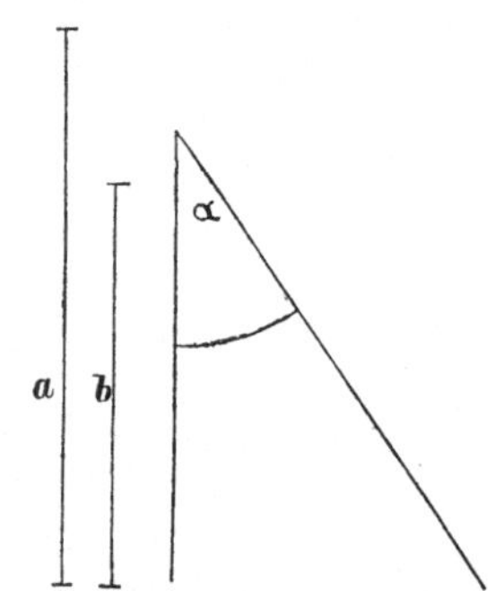
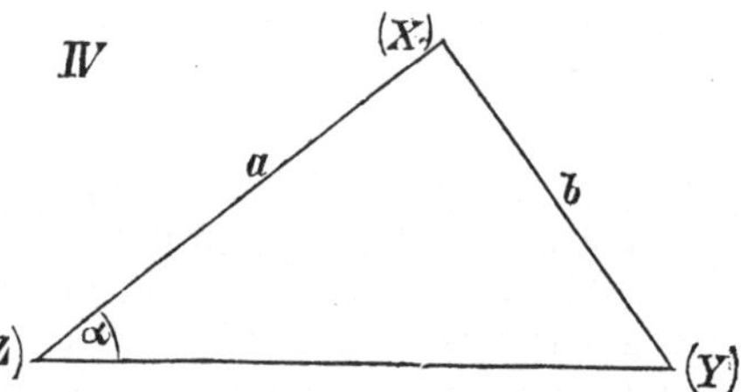

Wenn von einem Dreieck 2 Seiten und der Gegenwinkel der kleineren von ihnen gegeben sind, so soll daraus das Dreieck konstruiert werden.

Die Daten sind a, b, α.

Analyse.

1. Ich konstruiere $\triangle XYZ$. Fig. IV.

2. Wäre $\triangle XYZ$ das gesuchte, so müßte sein $XZ = a$, $XY = b$ und folglich $\angle XZY = \angle \alpha$.

3. Ich sehe $XZ = a$. Ich kann eine Seite gleich a konstruieren. Also (X) und (Z). Von Y sehe ich, daß es von (X) um b entfernt ist. Ich weiß, daß solche Punkte auf der Peripherie des Kreises liegen, dessen Centrum (X), dessen Radius b ist. Ich kann mit b um (X) diese Peripherie konstruieren. So ist ein geometrischer Ort für Y bekannt, also $(Y$. Von $(Y$ sehe ich ferner, daß es liegt auf dem einen Schenkel von $\angle \alpha$, dessen Scheitelpunkt (Z), dessen anderer Schenkel (XZ) ist. Ich kann an (XZ) in (X) $\angle \alpha$ transportieren. So kenne ich den zweiten geometrischen Ort für $(Y$, also (Y). Folglich $\triangle (XYZ)$.

Synthese.

Ich konstruiere $AB = a$, beschreibe mit b um A die Peripherie, transportiere Winkel α an AB in B und nenne den Schnittpunkt von Peripherie und zweitem Schenkel C, so ist $\triangle\ ABC$ das gesuchte.

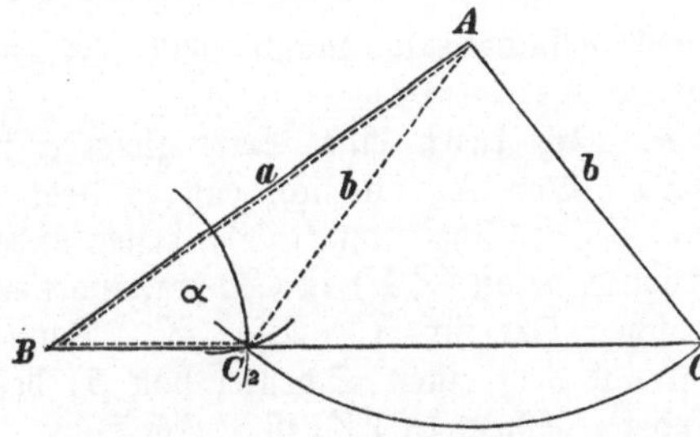

Beweis.

Es soll $AB = a$ sein. $AB = a$ nach Synthese. Es soll $AC = b$ sein. $AC = b$ als Radius des Kreises mit b um A nach Synthese.

Es soll der Gegenwinkel der kleineren der beiden Seiten b: $\angle\ ABC = \alpha$ sein. $\angle\ ABC = \alpha$ nach Synthese.

Anm. Da nach F_5 § 42 der mit der kleineren b um A beschriebene Kreis seinen zweiten Schnittpunkt C_2 stets innerhalb ihres Gegenwinkels hat, so giebt es im allgemeinen stets zwei den Daten entsprechende Dreiecke. Da ferner $\angle\ AC_2B + \angle\ AC_2C_1 = 2\,\mathrm{R}$, $\angle\ AC_2C_1 = \angle\ AC_1C_2$ nach L_6 § 33, also auch $\angle\ AC_2B + AC_1B = 2\,\mathrm{R}$ ist; da ferner $\angle\ AC_2B$ und $\angle\ AC_1B$ beide die Gegenwinkel der größeren Seite sind: so haben die beiden Dreiecke, welche den Daten entsprechen, die Eigenschaft, daß die Gegenwinkel der größeren Seite Supplementwinkel sind.

Wenn b so klein ist, daß die Peripherie mit b um A die Grundlinie berührt, so sind beide Gegenwinkel Rechte; so giebt es nur ein rechtwinkliges Dreieck, welches den Daten entspricht. Ist b noch kleiner als das von A auf die Grundlinie gefällte Lot, so giebt es kein Dreieck, welches den Daten entspricht.

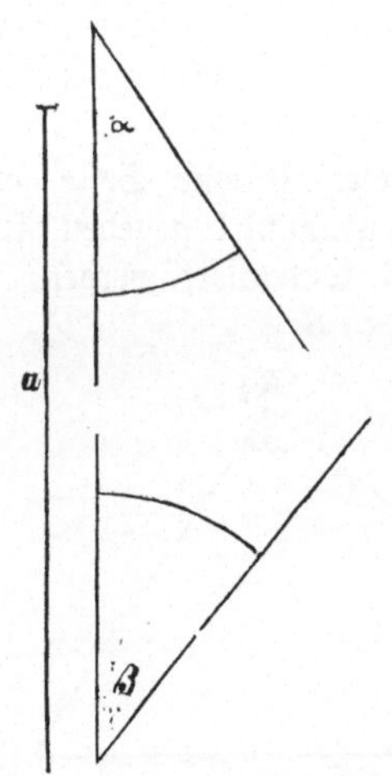

V. Grund=Aufgabe.

Wenn von einem Dreiecke eine Seite und die beiden ihr anliegenden Winkel gegeben sind, so soll daraus das Dreieck konstruiert werden.

Die Daten sind a, α, β.

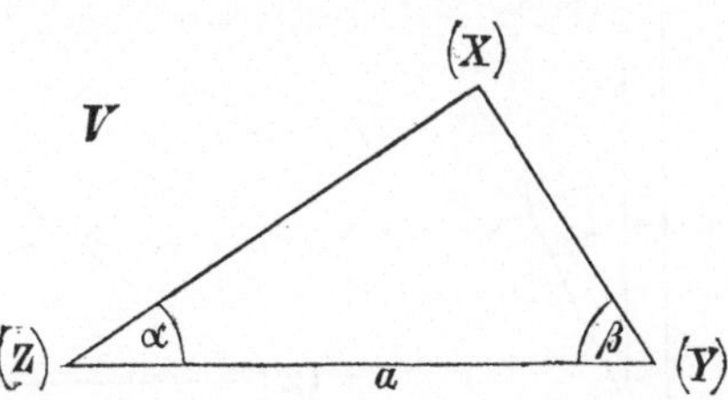

Analyse.

1. Ich zeichne $\triangle XYZ$. Fig. V.

2. Wäre $\triangle XYZ$ das gesuchte, so müßte sein $YZ = a$, folglich $\angle XZY = \alpha$ und $\angle XYZ = \beta$.

3. Ich sehe $YZ = a$. Ich kann eine Seite gleich a konstruieren. Also (Y) und (Z). Von X sehe ich, daß es liegt auf dem einen Schenkel von $\angle \alpha$, dessen Scheitelpunkt (Z), dessen anderer Schenkel (ZY) ist. Ich kann $\angle \alpha$ an (ZY) in (Z) transportieren. So kenne ich einen geometrischen Ort für X. Also $(X$. Von $(X$ sehe ich ferner, daß es liegt auf dem einen Schenkel von β, dessen Scheitelpunkt (Y), dessen anderer Schenkel (YZ) ist. Ich kann $\angle \beta$ an (YZ) in (Y) transportieren. So kenne ich den zweiten geometrischen Ort von $(X$. Also (X). Folglich auch $\triangle (XYZ)$.

Synthese.

Ich konstruiere $AB = a$, transportiere $\angle \alpha$ an AB in A und $\angle \beta$ an BA in B und nenne den Schnittpunkt beider Schenkel C; so ist $\triangle ABC$ das gesuchte.

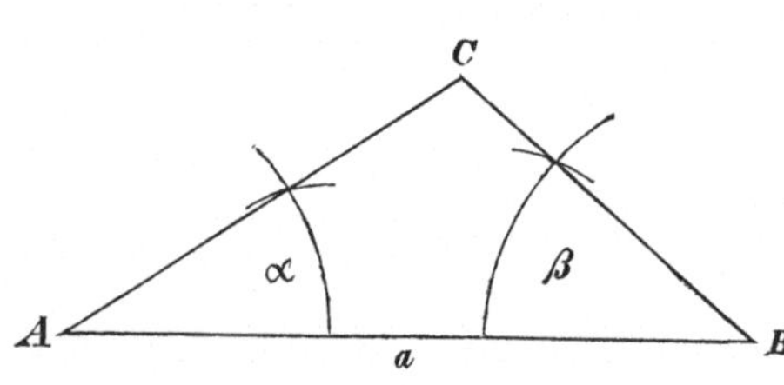

Beweis.

Es soll $AB = a$ sein. $AB = a$ nach Synthese.

Es soll $\angle CAB = \alpha$ sein. $\angle CAB = \alpha$ nach Synthese.

Es soll $\angle CBA = \beta$ sein. $\angle CBA = \beta$ nach Synthese.

Anm. Da sich 2 Gerade nur in einem Punkte schneiden, so giebt es stets nur ein den Daten entsprechendes Dreieck, worin $\angle \alpha + \angle \beta < 2\,\mathrm{R}$ sind.

VI. Grund=Aufgabe.

Wenn von einem Dreiecke eine Seite, ein ihr anliegender und ihr Gegenwinkel gegeben sind, so soll daraus das Dreieck konstruiert werden.

Die Daten sind a, α, β.

GA₃₄

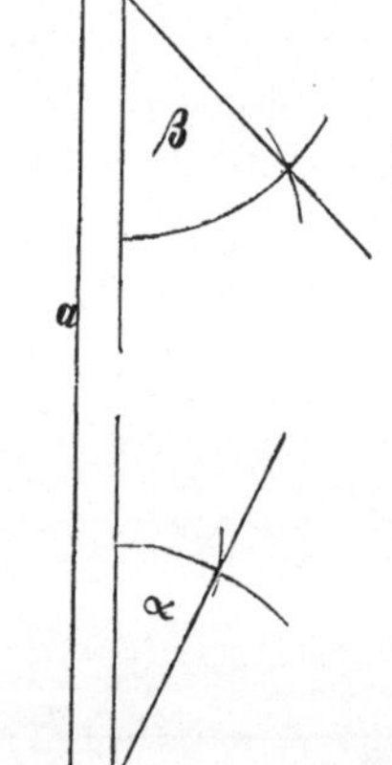

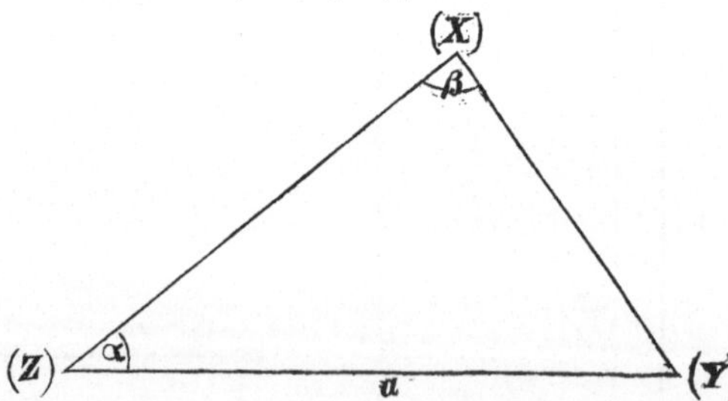

Analyse.

1. Ich zeichne $\triangle\, XYZ$. Fig. VI.

2. Wäre $\triangle\, XYZ$ das gesuchte, so müßte sein $YZ = a$, folglich $\angle\, XZY = \alpha$, $\angle\, ZXY = \beta$.

3. Ich sehe $YZ = a$. Ich kann eine Seite gleich a konstruieren. Also (Y) und (Z). Von X sehe ich, das es liegt auf dem einen Schenkel von $\angle\, \alpha$, dessen Scheitelpunkt (Z), dessen anderer Schenkel (ZY) ist. Ich kann $\angle\, \alpha$ an (ZY) in (Z) transportieren. So kenne ich einen geometrischen Ort für X. Also $(X$. Von $(X$ sehe ich ferner, daß er ist der Scheitelpunkt von β, dessen einer Schenkel (Z) $(X$ ist, dessen anderer Schenkel durch (Y) hindurch= geht. Ich kann $\angle\, \beta$ an $(X\,(Z)$ in $(X$ transportieren und zu der so bekannten Richtung des andern Schenkels durch (Y) eine Parallele konstruieren. So kenne ich den zweiten geometrischen Ort für $(X$. Also (X). Folglich auch $\triangle\, (XYZ)$.

Synthese.

Ich konstruiere $AB = a$, transportiere α an AB in A, transportiere β an MA in M, kon= struiere durch B die Gerade $BC \parallel MN$, so ist $\triangle\, ABC$ das gesuchte.

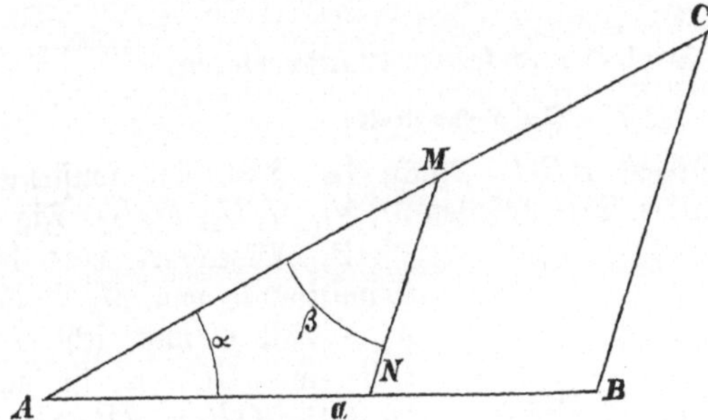

Beweis.

Es soll $AB = a$ sein. $AB = a$ nach Synthese.

Es soll $\angle\, CAB = \angle\, \alpha$ sein. $\angle\, CAB = \alpha$ nach Synthese.

Es soll $\angle\, ACB = \angle\, \beta$ sein. $\angle\, ACB = \angle\, AMN$ als korrespondente Winkel. $\angle\, AMN = \angle\, \beta$ nach Synthese. Also ist $\angle\, ACB = \angle\, \beta$.

Anm. Da durch einen Punkt zu einer Geraden nur eine Pa= rallele möglich ist, so giebt die Auflösung nur ein Dreieck, wenn $\angle\, \alpha + \angle\, \beta < 2\,\mathrm{R}$ sind.

F_1. Die Daten der 6 Grund=Aufgaben lassen sich in 3 Gruppen zusammenstellen:

1. Gruppe: 3 Seiten.   I. GA.

2. Gruppe: 2 Seiten und 1 Winkel $\begin{cases}\text{II. GA.}\\ \text{III. GA.}\\ \text{IV. GA.}\end{cases}$

3. Gruppe: 1 Seite und 2 Winkel $\begin{cases}\text{V. GA.}\\ \text{VI. GA.}\end{cases}$

F_2. Zur Konstruktion eines Dreiecks gehören 3 Daten, unter denen mindestens eine Seite sein muß.

Da in einem rechtwinkligen Dreiecke der Rechte stets ein Datum ist, so folgt:

F_3. Zur Konstruktion eines rechtwinkligen Dreiecks gehören außer dem Rechten noch 2 Daten.

§ 70. Das Dreieck und die Linien der Ebene.

Das Dreieck kann in Beziehung treten zu den Geraden der Ebene.

E_{87} Transversalen heißen die Geraden, welche die Umfänge der Figuren schneiden.

Das Dreieck kann ferner in Beziehung treten zum Kreise, wenn seine Seiten Sehnen oder Tangenten des Kreises sind.

E_{88} Sehnen-Dreieck heißt ein Dreieck, dessen Seiten Sehnen eines Kreises sind.

E_{89} Tangenten-Dreieck heißt ein Dreieck, dessen Seiten Tangenten eines Kreises sind.

2. Das Dreieck und seine Transversalen.

§ 71. Die Symmetralen.

H_1. Gegeben Dreieck ABC. Nach GA_{10} § 36 sind konstruiert die 3 Symmetralen zu den Dreiecksseiten $M_1 N_1$, $M_2 N_2$, $M_3 N_3$. Fig. I.

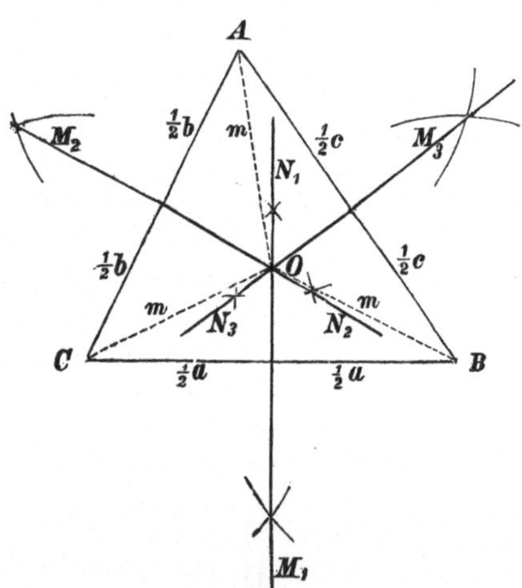

B. Bezeichnet man den Schnittpunkt von $M_1 N_1$ und $M_2 N_2$ mit O und zieht OA, OB und OC, so ist nach O_2 § 35 $OB = OC = m$, ferner $OA = OC = m$, folglich auch $OA = OB = m$. Da nun ebenfalls nach O_2 § 35 $M_3 N_3$ der geometrische Ort für diejenigen Punkte ist, welche von A und B gleich weit entfernt sind, so muß O in $M_3 N_3$ liegen.

Th. $M_1 N_1$, $M_2 N_2$ und $M_3 N_3$ haben einen gemeinsamen Schnittpunkt O, und $OA = OB = OC$.

L_{32} Die Symmetralen der 3 Seiten eines Dreiecks schneiden sich in einem Punkte, welcher von den Dreiecks-Ecken gleich weit entfernt ist.

F_1. Der gemeinsame Schnittpunkt der Dreiecks-Symmetralen ist ein merkwürdiger Punkt, weil 3 Gerade sich im allgemeinen in 3 Punkten schneiden.

§ 72. Die Winkelhalbierenden.

Die Bezeichnung der Strecken der innerhalb eines Dreiecks liegenden Winkelhalbierenden geschieht durch $w\alpha$, $w\beta$, $w\gamma$; ihrer Endpunkte durch W_α, W_β, W_γ.

H_1. Gegeben $\triangle\,ABC$, darin, nach GA_{14} § 36 konstruiert, die Winkelhalbierenden AW_α, BW_β und CW_γ. Fig. I.

B. Bezeichnet man den Schnittpunkt von AW_α und BW_β mit O und fällt $OM_1 \perp BC$, $OM_2 \perp CA$ und $OM_3 \perp AB$, so ist nach O_3 § 36 $OM_2 = OM_3 = n$, ferner $OM_1 = OM_3 = n$, folglich $OM_2 = OM_1 = n$. Da nun ebenfalls nach O_3 § 36 CW_γ der geometrische Ort für diejenigen Punkte ist, welche von CA und CB gleich weit entfernt sind, so muß O auch in CW_γ liegen.

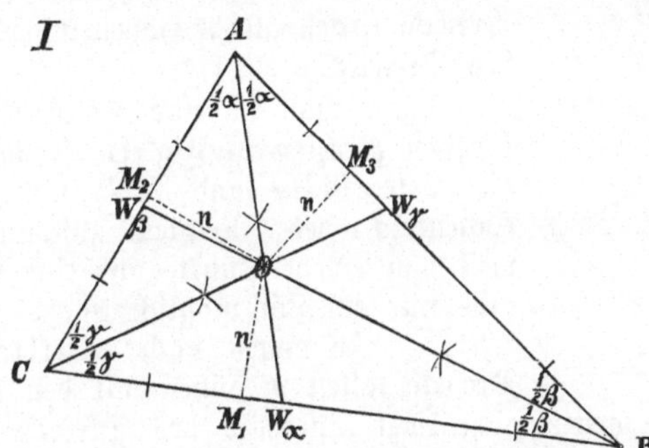

Th_1. AW_α, BW_β, CW_γ haben einen gemeinsamen Schnittpunkt O und $OM_1 = OM_2 = OM_3$.

Die Winkelhalbierenden eines Dreiecks schneiden sich in einem Punkte, welcher von den Dreiecks-Seiten gleich weit entfernt ist.

F_1. Der gemeinsame Schnittpunkt der Winkelhalbierenden eines Dreiecks ist der zweite merkwürdige Punkt im Dreieck.

A_1. Ein Dreieck zu konstruieren aus den Daten: b, α, $w\alpha$.

§ 73. Die Höhen.

Höhen des Dreiecks heißen die von seinen Ecken auf die Gegenseiten gefällten Lote.

Die Bezeichnung der Strecken der Dreiecks-Höhen geschieht durch ha, hb, hc; ihrer Fußpunkte durch Ha, Hb, Hc.

H. Gegeben ein spitzwinkliges, rechtwinkliges, stumpfwinkliges Dreieck, darin AHa, BHb und CHc. Fig. I, Fig. II und Fig. III.

B. Jedes Dreieck hat 2 spitze Winkel. Der dritte Winkel kann sein ein spitzer, rechter und stumpfer Winkel. Wenn man von 2 Punkten der Schenkel eines spitzen Winkels Lote auf den anderen Schenkel fällt, z. B. BHb und HAa für $\triangle\,ACB$ in Fig. I, so bildet jedes Lot mit einem Schenkel den Komplementwinkel zu $\angle ACB$ innerhalb des Winkels. Folglich liegen beide Lote innerhalb des Winkels.

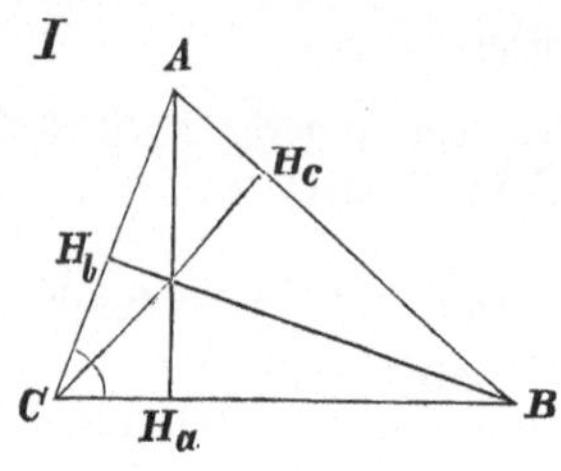

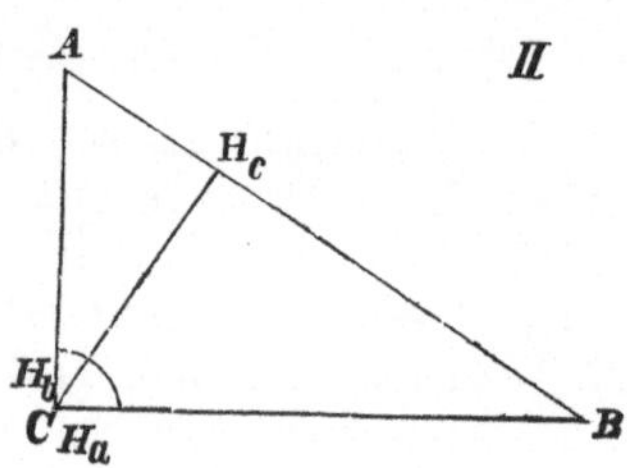

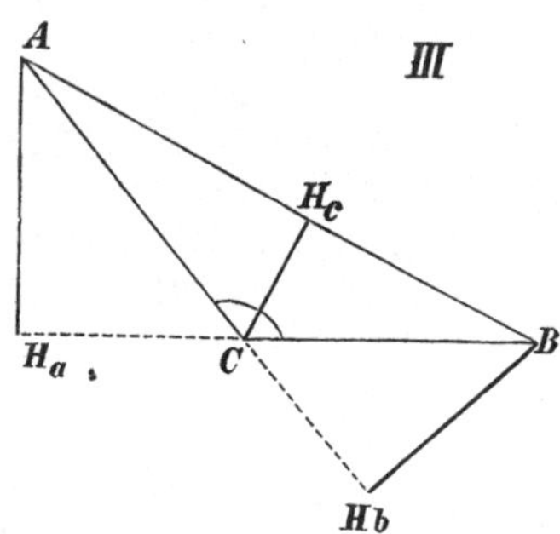

Th$_1$. In einem spitzwinkligen Dreiecke liegen alle 3 Höhen innerhalb des Dreiecks.

Macht man dieselbe Konstruktion für den Rechten in Fig. II, so fallen die Lote AH_a und BH_b mit den Schenkeln des Rechten zusammen, weil von einem Punkte auf eine Gerade nur ein Lot möglich ist.

Th$_2$. In einem rechtwinkligen Dreiecke fallen 2 Höhen mit den Katheten zusammen. Die dritte Höhe liegt innerhalb des Dreiecks.

Macht man ferner dieselbe Konstruktion für den stumpfen Winkel $\angle ACB$ in Fig. III, so bildet jedes Lot mit einem Schenkel den Komplement-Winkel zu dem Außenwinkel des Stumpfen. Folglich liegen beide Lote außerhalb des Winkels.

Th$_3$. In einem stumpfwinkligen Dreiecke liegen 2 Höhen außerhalb und eine Höhe innerhalb des Dreiecks.

L$_{34}$ In einem Dreieck liegt die Höhe derjenigen Seite, deren beide anliegende Winkel spitz sind, stets innerhalb des Dreiecks. Je nachdem der dritte Winkel ein Spitzer, Rechter oder Stumpfer ist, liegen die zu dessen Schenkeln gehörigen Höhen beide innerhalb des Dreiecks, auf den Katheten oder außerhalb des Dreiecks.

A. Dreiecke zu konstruieren aus den Daten: 1. b, a, h_a; 2. a, b, h_a; 3. b, α, h_a; 4. a, α, h_b; 5. α, h_a, w_a; 6. b, h_a, w_α.*)

3. Das Dreieck und der Kreis.

§ 74. Das Sehnen-Dreieck.

H$_1$. Gegeben ein Kreis mit Centrum M und Radius r, darin das Sehnen-Dreieck ABC. Fig. I.

---

*) Analyse 3 beginnt möglichst mit einem bekannten Dreieck.

B_1. Zieht man $MA = MB = MC = r$ und fällt $MP_1 \perp BC$, $MP_2 \perp CA$, $MP_3 \perp AB$, so ist $CP_1 = P_1B$; $BP_3 = P_3A$; $AP_2 = P_2C$ nach L_{13} § 42. Folglich sind die Linien MP die Symmetralen des Dreiecks. Ferner sind die Dreiecks-Winkel Peripherie-Winkel des Kreises. Folglich sind die Centri-Winkel doppelt so groß, folglich ist $\angle CMB = 2\,\alpha$ nach L_{17} § 46.

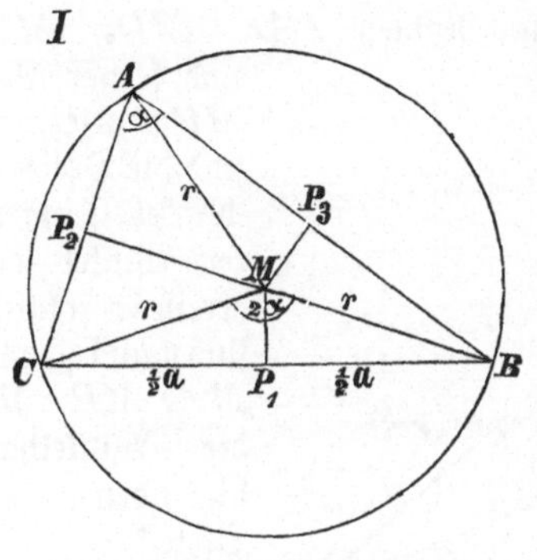

Th_1. MP_1, MP_2, MP_3 sind die Symmetralen des Dreiecks und $\angle CBM = 2\,\alpha$ ⁊c.

Derselbe Beweis gilt, wenn das Dreieck ein rechtwinkliges oder stumpfwinkliges ist, wenn das Centrum also in der Hypotenuse oder außerhalb des Dreiecks liegt.

In einem Sehnen-Dreieck sind die vom Kreiscentrum auf die Seiten gefällten Lote die Symmetralen der Seiten, und die Centri-Winkel gleich den doppelten zugehörigen Dreiecks-Winkeln.

Nach GA_{10} § 36 kann zu einer Seite ihre Symmetrale konstruiert werden, folglich auch das Centrum des Kreises, für welches das Dreieck ein Sehnen-Dreieck wird.

Dem Dreieck umbeschrieben heißt der Kreis, für welchen das Dreieck Sehnen-Dreieck ist. Sein Radius wird mit r bezeichnet.

Wenn ein Dreieck gegeben ist, so kann durch 2 Symmetralen der dem Dreieck umbeschriebene Kreis konstruiert werden.

A_1. Es soll das Centrum des einem spitz-, recht-, stumpfwinkligen Dreieck umbeschriebenen Kreises konstruiert werden.

H_2. Gegeben Kreis mit dem Centrum M und dem Radius r, in demselben das Sehnen-Dreieck ABC. Fig. II.

B_2. Zieht man MB und MC und fällt $MP \perp BC$; so ist $CP = {}^1/_2 a$, $MC = r$ und $\angle CMB = 2\,\alpha$, folglich $\angle CMP = \alpha$. Da nun zur Konstruktion von $\triangle CMP$ außer dem Rechten 2 Daten gehören, so folgt:

Th_2. Die Daten r und α bestimmen a, r und a bestimmen α, a und α bestimmen r.

Wenn von den 3 Dreiecksstücken $\underline{a,\ \alpha,\ r}$ zwei derselben Daten sind, so ist das dritte Stück dadurch bestimmt.

A_2. Dreiecke zu konstruieren aus den Daten 1. a, b, r; 2. a, β, r; 3. α, b, r; 4. α, β, r; 5. a, r, h_b; 6. α, r, h_c.

§ 75. Das Tangenten-Dreieck.

H_1. Gegeben der Kreis mit dem Centrum M und dem Radius ϱ, um denselben das Tangenten=Dreieck ABC. Fig. I.

B_1. Zieht man die Berührungs=Radien MD_1, MD_2, MD_3 und ferner MA, MB, MC, so sind die Dreiecks= Winkel Tangen= ten=Winkel des Kreises; folglich sind nach L_{12} §41 MA, MB, MC die Winkelhal= bierenden des Dreiecks; die Centri = Winkel die Supplemente zu den entspre= chenden Dreiecks=Winkeln; die Tangenten=Segmente der Seiten an derselben Ecke gleich groß. Bezeichnet man die gleichen Tangenten= Segmente an der Ecke A mit m, an der Ecke B mit n und an der Ecke C mit o, so ist zunächst $a + b + c = 2\,m + 2\,n + 2\,o$, also $\frac{1}{2}(a + b + c) = m + n + o$.

E_{94} Die Bezeichnung des halben Dreiecks=Umfangs geschieht durch p.

Dann ist $m + n + o = p$. Folglich:

1. $m + a = p$, also $m = (p - a)$
$= \frac{1}{2}a + \frac{1}{2}b + \frac{1}{2}c - a = -\frac{1}{2}a + \frac{1}{2}b + \frac{1}{2}c = \frac{1}{2}(-a + b + c)$.

2. $n + b = p$, also $n = (p - b)$
$= \frac{1}{2}a + \frac{1}{2}b + \frac{1}{2}c - b = \frac{1}{2}a - \frac{1}{2}b + \frac{1}{2}c = \frac{1}{2}(a - b + c)$.

3. $o + c = p$, also $o = (p - c)$
$= \frac{1}{2}a + \frac{1}{2}b + \frac{1}{2}c - c = \frac{1}{2}a + \frac{1}{2}b - \frac{1}{2}c = \frac{1}{2}(a + b - c)$.

Th_1. $\angle\, D_2 M D_3 = (180 - \alpha)$ ꝛc.; $\angle\, D_2 A M = \angle\, D_3 A M = \frac{1}{2}\alpha$ ꝛc.; $AD_2 = AD_3 = (p - a) = \frac{1}{2}(-a + b + c)$ ꝛc.

Die Tangenten=Segmente der Seiten sind also stets gleich dem Unterschied aus dem halben Umfang weniger der Gegenseite der Ecke, an denen die Segmente liegen; oder gleich der Hälfte aus der Summe der die betreffende Ecke bildenden Dreiecksseiten weniger ihrer Gegenseite.

L_{37} In einem Tangenten=Dreieck sind die Dreiecks=Winkel mit den zugehörigen Centri=Winkeln ihrer Berührungs=Radien Supplemente; halbieren die Verbindungs=Linien der Ecken mit dem Centrum die Dreiecks=Winkel und die zu diesen gehörigen Centri=

Winkel; und sind die Tangenten-Segmente einer Ecke gleich dem Unterschied aus dem halben Dreiecks-Umfang weniger ihrer Gegenseite, oder gleich der Hälfte des Unterschieds aus der Summe der ihr anliegenden Seiten weniger ihrer Gegenseite.

95   Dem Dreieck einbeschrieben heißt der Kreis, für welchen das Dreieck ein Tangenten-Dreieck ist. — Sein Radius wird mit ϱ bezeichnet.

Nach GA_{14} § 36 kann die Winkelhalbierende eines Winkels konstruiert werden.

36   Wenn ein Dreieck gegeben ist, so kann durch 2 Winkelhalbierende der einbeschriebene Kreis konstruiert werden.

H_2. Gegeben Kreis mit dem Centrum M und dem Radius ϱ, das Tangenten-Dreieck ABC. Fig. II.

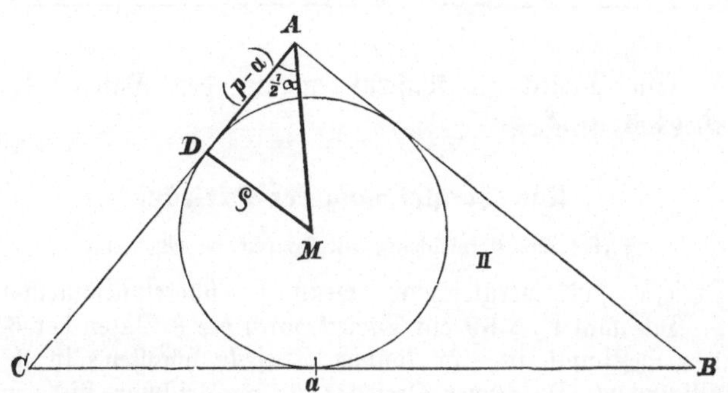

B_2. Man ziehe MA und MD. Dann ist nach L_{37} $\angle DAM = \frac{1}{2}\alpha$, $MD = \varrho$, $AD = (p-a)$. Da nun zur Konstruktion eines rechtwinkligen Dreiecks außer dem Rechten 2 Daten gehören, so folgt für $\triangle ADM$:

Th_2. Die Daten α und ϱ bestimmen $(p-a)$, α und $(p-a)$ bestimmen ϱ, ϱ und $(p-a)$ bestimmen α.

38   Wenn von den 3 Dreiecksstücken α, ϱ, $(p-a)$ zwei derselben Daten sind, so ist das dritte Stück dadurch bestimmt.

H_3. Gegeben Tangenten-Dreieck ABC. Fig. III.

B_3. Man ziehe MB und MC. Wenn man dann die Berührungs-Radien MD_1, MD_2 und MD_3 zieht, so ist $\angle D_2MD_3 = (180 - \alpha)$, folglich der konvexe Winkel $\angle D_2MD_3 = (180 + \alpha)$. Da nun BM die Halbierungslinie von $\angle D_1MD_3$ und CM die Halbierungslinie von $\angle D_1MD_2$ ist, so ist $\angle BMC$ die Hälfte von dem konvexen Winkel D_2MD_3, folglich $\angle BMC = \frac{1}{2}(180 + \alpha) = 90 + \frac{1}{2}\alpha$.

Th_3. $\angle BMC = (90 + \frac{1}{2}\alpha)$.

Derselbe Beweis gilt für jeden anderen Dreieckswinkel.

L₃₉   In einem Tangenten=Dreieck ist der am Centrum gelegene Gegen=winkel einer Seite gleich einem Rechten plus dem halben Gegen=winkel dieser Seite im Dreiecke.

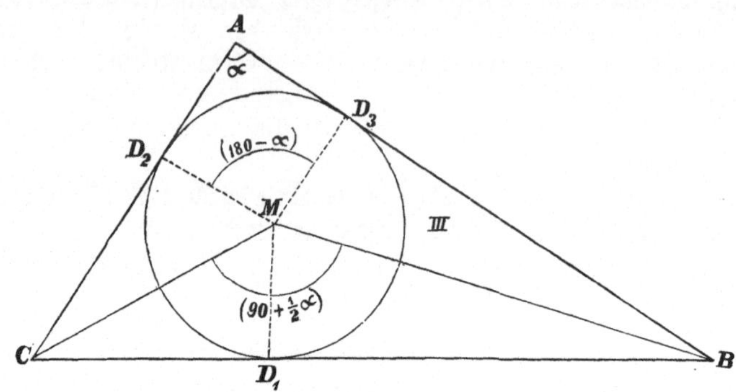

A. Ein Dreieck zu konstruieren aus den Daten: 1. α, b, ϱ; 2. a, β, ϱ; 3. α, β, ϱ.

Die Vergleichung der Dreiecke.

§ 76. Die Vergleichung der Dreiecke im allgemeinen.

Dreiecke sind vergleichbar, wenn sie übereinstimmende Stücke haben. Da nach F_2 § 69 ein Dreieck durch die 3 Daten der 6 Grund=Aufgaben bestimmt ist, so können Dreiecke höchstens in 3 Stücken übereinstimmen. Da ferner Dreiecke nur vergleichbar sind, wenn sie mindestens in einem Stücke übereinstimmen, so giebt es folgende Fälle der Vergleichung:

1. Fall: Dreiecke, welche in den 3 Stücken der Grund=Aufgaben übereinstimmen;

2. Fall: Dreiecke, welche in 2 Stücken übereinstimmen.

3. Fall: Dreiecke, welche in 1 Stück übereinstimmen.

§ 77. Die Kongruenz=Sätze der Dreiecke.

H_1. Gegeben $\triangle ABC$ mit abc; nach der I. Grund=Aufgabe konstruiert $\triangle A_1B_1C_1$ und $\triangle A_2B_1C_1$ aus abc. Fig. I.

B_1. Da $B_1C_1 = BC = a$ ist, so kann $\triangle ABC$ so auf $\triangle A_1B_1C_1$ gelegt werden, daß $BC \cong B_1C_1$ ist. Da nun A von B um c entfernt ist, so muß es auch, weil $B \cong B_1$ ist, von B_1 um c ent=fernt sein und mithin auf der Peripherie des Kreises zu liegen kommen, dessen Centrum B_1, dessen Radius c ist. Da ferner A von C um b entfernt ist, so muß es auch, weil $C \cong C_1$ ist, von C_1 um b entfernt sein und mithin auch auf der Peripherie des Kreises zu liegen kommen, dessen Centrum C_1, dessen Radius b ist. Folglich muß A auf die Schnittpunkte beider Peripherien fallen.

Nun giebt es auf derselben Seite von B_1C_1 nur einen Schnittpunkt dieser Peripherieen. Folglich muß $A \cong A_1$ oder $A \cong A_2$ sein, je

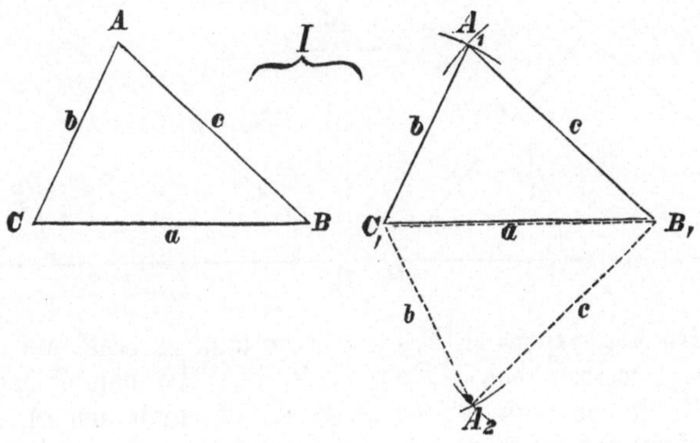

nachdem $\triangle ABC$ oberhalb oder unterhalb B_1C_1 gelegt wird.

Th$_1$. $\triangle ABC \cong \triangle A_1B_1C_1 \cong \triangle A_2B_1C_1$.

40　　I. Kongruenzsatz. Dreiecke sind kongruent, wenn in ihnen alle 3 Seiten gleich sind.

H$_2$. Gegeben $\triangle ABC$ mit $ab\gamma$; nach der II. Grund-Aufgabe konstruiert $\triangle A_1B_1C_1$ aus $ab\gamma$. Fig. II.

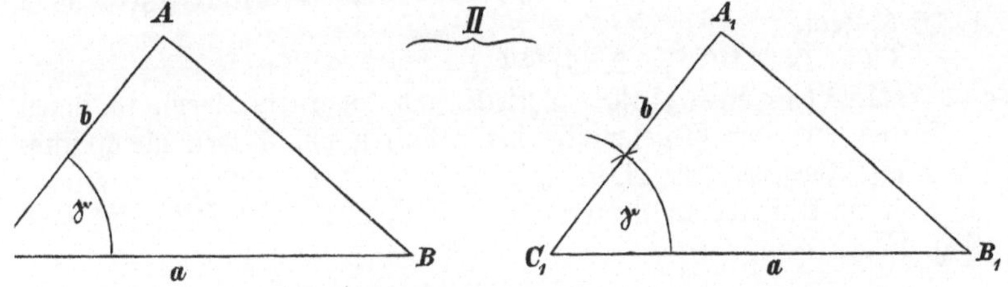

B$_2$. Da $B_1C_1 = BC = a$ ist, so kann $\triangle ABC$ so auf $\triangle A_1B_1C_1$ gelegt werden, daß $BC \cong B_1C_1$ ist. Da nun A von C um b entfernt ist, so muß es auch, da $C \cong C_1$ ist, von C_1 um b entfernt sein und mithin auf der Peripherie des Kreises zu liegen kommen, dessen Centrum C_1, dessen Radius b ist. Da ferner A auf dem einen Schenkel des Winkels γ liegt, von dem $C \cong C_1$, $CB \cong C_1B_1$ ist, so muß A auch auf dem oberen CA entsprechenden Schenkel C_1A_1 zu liegen kommen. Folglich muß A auf den Schnittpunkt dieses Schenkels mit der genannten Peripherie fallen. Nun ist der einzige Schnittpunkt der Peripherie mit b um C_1 und des oberen Schenkels von γ der Punkt A_1. Folglich muß $A \cong A_1$ sein.

Th$_2$. $\triangle ABC \cong A_1B_1C_1$.

41　　II. Kongruenzsatz. Dreiecke sind kongruent, wenn in ihnen 2 Seiten und der von diesen Seiten eingeschlossenen Winkel gleich sind.

H_3. Gegeben $\triangle ABC$ mit b, c, $b > c$, und β; nach der III. Grund-Aufgabe konstruiert $\triangle A_1 B_1 C_1$ aus b, c, β. Fig. III.

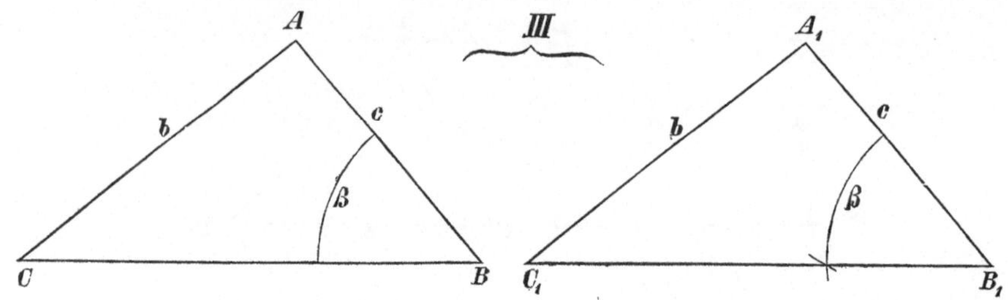

B_3. Da $AB = A_1 B_1 = c$ ist, so kann $\triangle ABC$ auf $\triangle A_1 B_1 C_1$ so gelegt werden, daß $AB \cong A_1 B_1$ ist. Da nun C von A um b entfernt ist, so muß es, da $A \cong A_1$ ist, auch von A_1 um b entfernt sein und mithin auf der Peripherie des Kreises zu liegen kommen, dessen Centrum A_1, dessen Radius b ist. Da ferner C auf dem einen Schenkel des Winkels β liegt, von dem $B \cong B_1$ und $AB \cong A_1 B_1$ ist, so muß C auch auf dem unteren BC entsprechenden Schenkel $B_1 C_1$ zu liegen kommen. Folglich muß C auf den Schnittpunkt dieses Schenkels mit der genannten Peripherie fallen. Nun ist der einzige Schnittpunkt der Peripherie mit b um A_1 auf dem unteren Schenkel von β nach F_4 § 42 der Punkt C_1. Folglich muß $C \cong C_1$ sein.

Th_3. $\triangle ABC \cong \triangle A_1 B_1 C_1$.

L_{42} III. Kongruenzsatz. Dreiecke sind kongruent, wenn in ihnen 2 Seiten und der Gegenwinkel der größeren von beiden gleich sind.

H_4. Gegeben $\triangle ABC$ mit b, c, $c < b$, und γ; nach der IV. Grund-Aufgabe konstruiert $\triangle A_1 B_1 C_1$ und $\triangle A_1 B_2 C_1$ aus $bc\gamma$. Fig. IV.

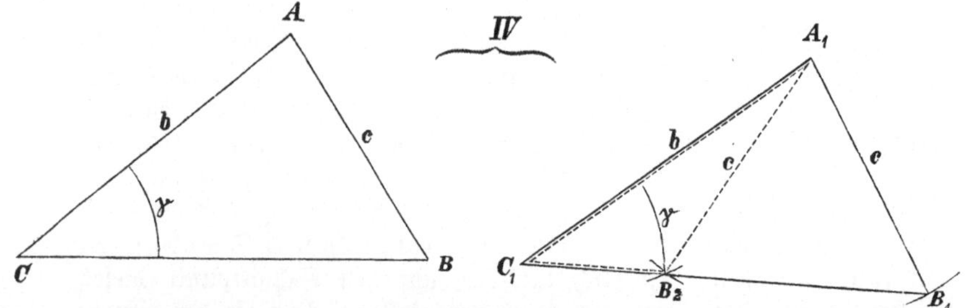

B_4. Da $AC = A_1 C_1 = b$ ist, so kann $\triangle ABC$ auf $\triangle A_1 B_1 C_1$ so gelegt werden, daß $AC \cong A_1 C_1$ ist. Da nun B von A um c entfernt ist, so muß es auch, da $A \cong A_1$ ist, von A_1 um c entfernt sein und mithin auf der Peripherie des Kreises zu liegen kommen, dessen Centrum A_1 und dessen Radius c ist. Da B ferner auf dem einen Schenkel von $\angle\,\gamma$ liegt, von dem $C \cong C_1$ und $CA \cong C_1 A_1$ ist, so muß B auch auf dem unteren CB entsprechenden Schenkel $C_1 B_1$ zu liegen kommen. So muß B auf den Schnittpunkt dieses Schenkels mit der genannten Peripherie fallen. Nun giebt es solcher Schnittpunkte nach F_5 § 42 zwei, nämlich B_1 und B_2. Diese Dreiecke unterscheiden sich jedoch nach Anm. zur IV. Grund=Aufgabe § 69 dadurch, daß die Gegen= winkel ihrer größeren Seite b: $\angle\, A_1 B_1 C_1$ und $\angle\, A_1 B_2 C_1$ Supplement= Winkel sind, so daß im allgemeinen der eine von ihnen ein spitzer, der an= dere ein stumpfer Winkel sein muß. Da nun der entsprechende Winkel $\angle\, ABC$ in Fig. IV. ein spitzer Winkel ist, wie $\angle\, A_1 B_1 C_1$, so muß $B \cong B_1$ sein, so kann B nicht auf B_2 fallen. Wäre $\angle\, ABC$ ein stumpfer Winkel, so müßte $B \cong B_2$ sein, so könnte B nicht auf B_1 fallen.

Th$_4$. $\triangle\, ABC \cong \triangle\, A_1 B_1 C_1$, weil die Gegenwinkel der größeren der übereinstimmenden Seiten beide spitz sind. Es wäre $\triangle\, ABC \cong \triangle\, A_1 B_2 C_1$, wenn die Gegenwinkel der größeren der übereinstimmen= den Seiten beide stumpf gewesen wären.

$\mathbf{L}_{43}$ IV. Kongruenzsatz. Zwei Dreiecke sind kongruent, wenn in ihnen zwei Seiten und der Gegenwinkel der kleineren von beiden gleich sind, und wenn zugleich der Gegenwinkel der größeren von beiden Seiten in beiden Dreiecken spitz oder stumpf ist.

H$_5$. Gegeben $\triangle\, ABC$ mit a, β, γ; nach der V. Grund=Auf= gabe konstruiert $\triangle\, A_1 B_1 C_1$ aus $a\beta\gamma$. Fig. V.

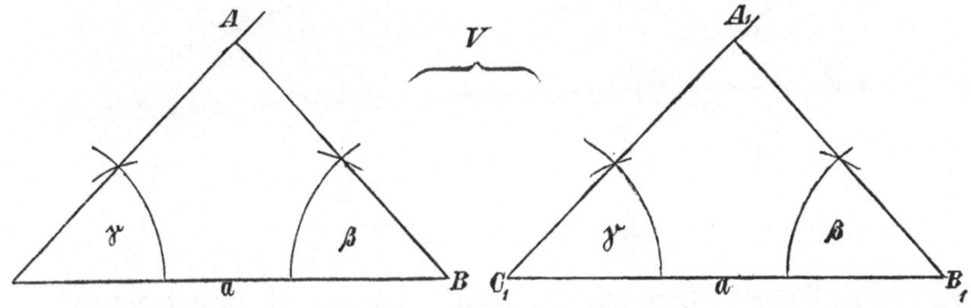

B$_5$. Da $BC = B_1 C_1 = a$ ist, so kann $\triangle\, ABC$ auf $\triangle\, A_1 B_1 C_1$ so gelegt werden, daß $BC \cong B_1 C_1$ ist. Da nun A auf dem einen Schenkel von $\angle\,\gamma$ liegt, von dem $C \cong C_1$ und $CB \cong C_1 B_1$ ist, so muß A auf dem oberen CA entsprechenden Schenkel $C_1 A_1$ zu liegen kommen. Da ferner A auch auf dem einen Schenkel von $\angle\,\beta$ liegt, von dem $B \cong B_1$ und $BC \cong B_1 C_1$ ist, so muß A auch auf dem oberen BA entsprechenden Schenkel $B_1 A_1$ zu liegen kommen. Folg= lich muß A auf den Schnittpunkt der beiden Schenkel $C_1 A_1$ und $B_1 A_1$ fallen. Nun ist A_1 der einzige Schnittpunkt dieser beiden Schenkel, folglich muß $A \cong A_1$ sein.

Th$_5$. $\triangle\, ABC \cong \triangle\, A_1 B_1 C_1$.

144a V. Kongruenzsatz. Zwei Dreiecke sind kongruent, wenn in ihnen eine Seite und die beiden ihr anliegenden Winkel gleich sind.

Wenn in 2 Dreiecken eine Seite, ein ihr anliegender und ein ihr gegenüberliegender Winkel übereinstimmen, so muß auch der andere der Seite anliegende Winkel übereinstimmen, weil er das Supplement zur Summe der beiden anderen Winkel ist.

L_{44b}　　VI. Kongruenzsatz. Zwei Dreiecke sind kongruent, wenn in ihnen eine Seite, ein ihr anliegender und ein ihr gegenüberliegender Winkel gleich sind.

F_1. In kongruenten Dreiecken sind die homologen Seiten und Winkel gleich (F_2 § 61).

F_2. Die Kongruenz zweier Dreiecke ist bestimmt durch die Übereinstimmung von 3 Stücken, unter denen eine Seite sein muß.

F_3. In kongruenten Dreiecken sind alle homologen und eindeutig konstruierbaren Dreiecks-Stücke kongruent und gleich.

§ 78. Dreiecke mit 2 Paaren gleicher Stücke.

H_1. Gegeben $\triangle ABC$; $\triangle DEF$ so konstruiert, daß beide in den 2 Seiten b und c übereinstimmen. Von den eingeschlossenen Winkeln ist $\angle \alpha > \angle \alpha_1$. Fig. I.

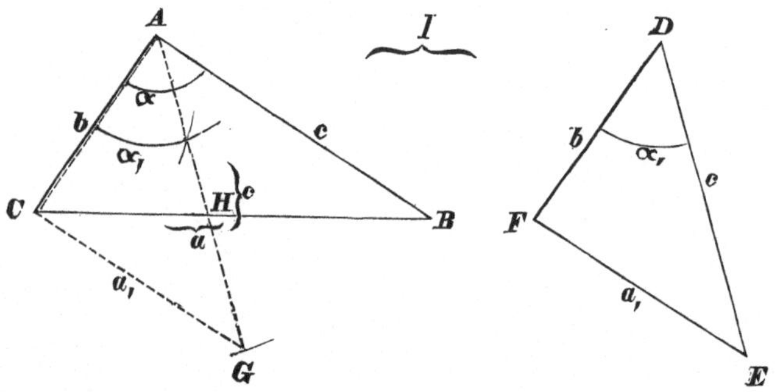

B_1. Transportiert man $\triangle DEF$ nach der II. Grund-Aufgabe so an $\triangle ABC$, daß die kleineren Seiten b mit ihren entsprechenden Ecken kongruent sind, so müssen sich die anderen entsprechenden Seiten c nach F_4 § 42 schneiden, weil $\angle \alpha_1 < \angle \alpha$ und $AB = AG$ ist. Der Schnittpunkt heiße H.

Dann ist in $\triangle AHB$: $AH + HB > c$
　　　in $\triangle CHG$: $\underline{CH + HG > a_1}$
　　　$(AH + HG) + (CH + HB) > c + a_1$
folglich　　$c　　+　　a　　> c + a_1$
folglich　　　　　　　　$a　　> a_1$.
Th_1. $a > a_1$.

Es ist a die Gegenseite des größeren Winkels und a_1 die Gegenseite des kleineren Winkels.

L_{45}　　Wenn zwei Dreiecke in 2 Seiten übereinstimmen, nicht aber in dem von ihnen eingeschlossenen Winkel, so sind die Gegenseiten dieser eingeschlossenen Winkel entsprechend ungleich.

H_2. Gegeben $\triangle ABC$; $\triangle DEF$ so konstruiert, daß beide Dreiecke in den beiden Seiten b und c übereinstimmen. Von den dritten Seiten ist $a > a_1$.

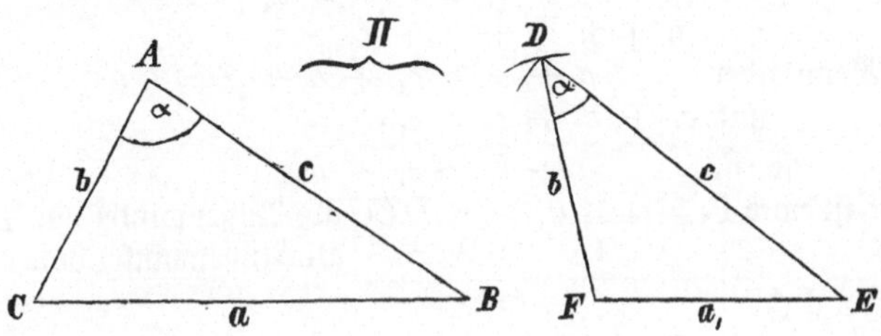

B_2. Bezeichnet man die Gegenwinkel von a und a_1 mit α und α_1, so kann die Beziehung dieser Winkel nur eine dreifache sein: 1. $\alpha = \alpha_1$; 2. $\alpha < \alpha_1$; 3. $\alpha > \alpha_1$. Wäre $\alpha = \alpha_1$, so wäre $\triangle ABC \cong \triangle DEF$ nach dem II. Kongruenzsatze. Folglich müßte $a = a_1$ sein. Nun ist nach H_2 aber $a > a_1$. Es kann also nicht $a = a_1$, also auch nicht $\alpha = \alpha_1$ sein. Wäre zweitens $\alpha < \alpha_1$, so wäre nach L_{45} $a < a_1$. Nun ist nach H_2 aber $a > a_1$. Es kann also nicht $a < a_1$, also auch nicht $\alpha < \alpha_1$ sein. Wenn nun weder $\alpha = \alpha_1$ noch $\alpha < \alpha_1$ sein kann, so muß $\alpha > \alpha_1$ sein.

Th_2. $\alpha < \alpha_1$.

L_{46} Wenn zwei Dreiecke in 2 Seiten übereinstimmen, nicht aber in der dritten Seite, so sind die Gegenwinkel dieser dritten Seiten entsprechend ungleich.

§ 79. Dreiecke mit einem Paar gleicher Stücke.

H. Gegeben $\triangle ABC$; über derselben Basis $\triangle DBC$, so daß D innerhalb von $\triangle ABC$ liegt. Fig. I.

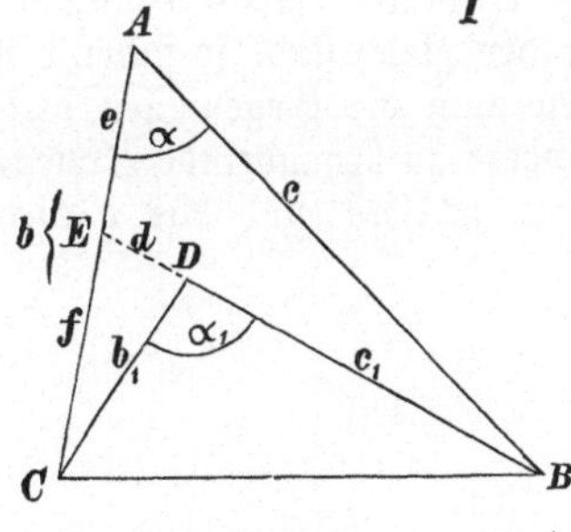

B. Verlängert man BD bis E, um die Vergleichung der Wege $(b + c)$ und $(b_1 + c_1)$ auf Dreiecks-Beziehungen zurückzuführen; nennt man $DE = d$, die Segmente von b: $EA = e$ und $EC = f$, so erhält man den Hilfsweg $(c_1 + d + f)$, welcher zur Vergleichung der beiden Hauptwege dient.

1. Hauptweg $(c + e + f)$ verglichen mit Hilfsweg $(c_1 + d + f)$ zeigt f gemeinsam. Vergleicht man daher nur die Reste, so ist

$$c + e > c_1 + d$$

folglich $c + e + f > c_1 + d + f$

folglich $c + b > c_1 + d + f$.

2. Hauptweg $(c_1 + b_1)$ verglichen mit Hilfsweg $(c_1 + d + f)$ zeigt c_1 gemeinsam. Vergleicht man daher nur die Reste, so ist

$$d + f > b_1$$

folglich $c_1 + d + f > c_1 + b_1$.

Wenn aber $\quad c + b > c_1 + d + f$

und $\underline{c_1 + d + f > c_1 + b_1}$

so ist $\quad c + b > c_1 + b_1$.

Ferner ist nach F_1 § 64 $\angle \alpha_1 > \angle DEC$ als Außenwinkel von $\triangle DEC$, ebenso $\quad \underline{\angle DEC > \angle \alpha.}\quad$ als Außenwinkel von $\triangle AEB$.

Folglich $\quad \angle \alpha_1 > \angle \alpha.$

Th. $b + c > b_1 + c_1$ und $\angle \alpha < \angle \alpha_1$.

L_{47} Wenn zwei Dreiecke mit der Basis kongruent sind und die Spitze des einen Dreiecks innerhalb des anderen liegt; so ist die Summe der beiden Außen=Seiten größer als die Summe der beiden Innen= Seiten, der von den beiden ersten eingeschlossene Winkel aber kleiner als der von den beiden letzten eingeschlossene Winkel.

Die Dreiecks=Arten.

§ 80. Einleitung.

Die Dreiecke werden in Bezug auf ihre Winkel nach F_4 § 64 eingeteilt in rechtwinklige, stumpfwinklige und spitzwinklige Dreiecke. Die Eigenschaften der rechtwinkligen Dreiecke sind bereits als die Eigenschaften der Hypotenusen, Katheten und deren Gegenwinkel in den Beziehungen zwischen Punkt und Gerade und später entwickelt. Auch sind die Eigenschaften der stumpfwinkligen Dreiecke durch den Umstand bereits bestimmt, daß in einem Dreiecke der stumpfe Winkel der größte ist. Ebenso sind die Eigenschaften der spitzwinkligen Dreiecke durch die Ungleichheit der spitzen Winkel bereits bestimmt.

Wenn ferner mehrere Winkel einander gleich sind, so fallen diese Fälle mit denen zusammen, in denen auch die Gegenseiten dieser Winkel einander gleich sind. Als besonders zu behandelnde Dreiecks= Arten bleiben daher nur das gleichschenklige und das gleich= seitige Dreieck übrig.

1. Das gleichschenklige Dreieck.

§ 81. Die Dreiecks-Stücke.

Die gleichschenkligen Dreiecke erscheinen in der Praxis meist so gestellt, daß die ungleiche dritte Seite als Basis dient. Daher heißt

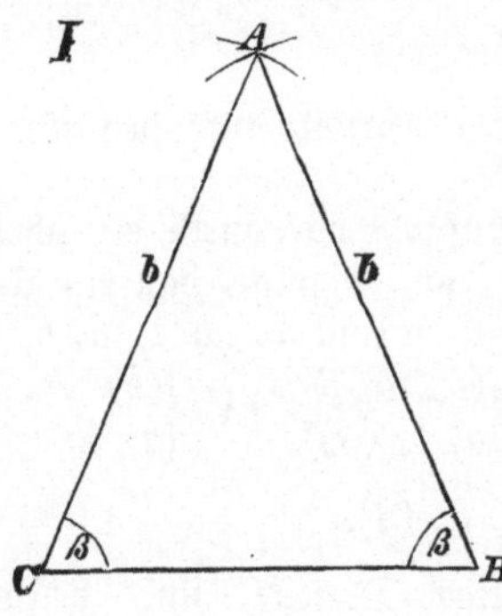

diese dritte ungleiche Seite des gleich=schenkligen Dreiecks vorzugsweise die Basis des Dreiecks.

Nach L_{28} § 66 müssen in einem gleichschenkligen Dreiecke auch die Basis=Winkel einander gleich sein. Nach F_3 § 64 müssen die Basis=Winkel stets spitze Winkel sein. Die Einteilung der gleichschenkligen Dreiecke in Bezug auf die Winkel kann daher nur nach dem Winkel an der Spitze geschehen. Fig. I.

§ 82. Die Seiten des Dreiecks.

H. Gegeben $\triangle\,ABC$ mit den Seiten b, b, a. Fig. I.

B. Nach L_{25} § 63 ist $2\,b > a$, also
$$b > {}^1\!/_2\,a.$$

Th. $b > {}^1\!/_2\,a$.

In einem gleichschenkligen Dreiecke ist ein Schenkel größer als die halbe Basis.

§ 83. Die Winkel des Dreiecks.

H. Gegeben $\triangle\,ABC$ mit den Winkeln α, β, β. Fig. I.

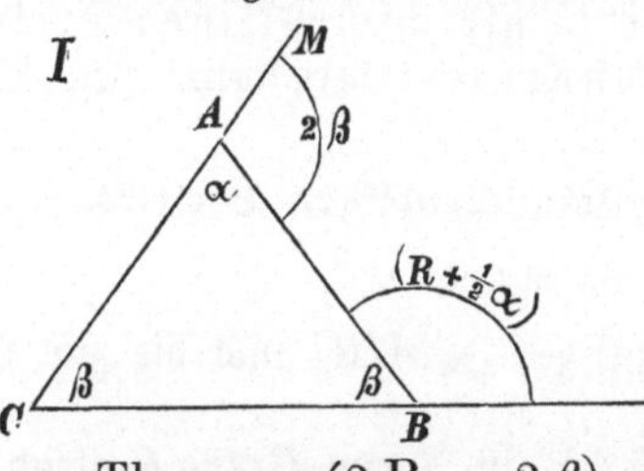

B. Nach L_{26} § 64 ist $2\,\beta + \alpha = 2\,\mathrm{R}$, folglich $\alpha = (2\,\mathrm{R} - 2\,\beta)$, folglich $2\,\beta = 2\,\mathrm{R} - \alpha$, folglich $\beta = (\mathrm{R} - {}^1\!/_2\,\alpha)$.

Verlängert man CB und CA, so ist nach L_{27} § 64 $\angle\,MAB = 2\,\beta$ und $\angle\,ABN = (\alpha + \beta) = (\alpha + \mathrm{R} - {}^1\!/_2\,\alpha) = (\mathrm{R} + {}^1\!/_2\,\alpha)$.

Th. $\alpha = (2\,\mathrm{R} - 2\,\beta),\ \beta = (\mathrm{R} - {}^1\!/_2\,\alpha),\ \angle\,MAB = 2\,\beta,$ $\angle\,ABN = (\mathrm{R} + {}^1\!/_2\,\alpha)$.

L_{49} In einem gleichschenkligen Dreieck ist der Winkel an der Spitze das Supplement zu dem doppelten Basis=Winkel; der Basis=Winkel das Komplement zu dem halben Winkel an der Spitze; der Außenwinkel an der Spitze gleich dem doppelten Basis=Winkel und der Außenwinkel an der Basis gleich dem um 1 R vermehrten halben Winkel an der Spitze.

A_1. Wie groß ist α? wenn $\beta = 20^0, 35^0, 75^0, 55^0, 44^0, 84^0$.

A_2. Wie groß ist β? wenn $\alpha = 50^0, 70^0, 85^0, 110^0, 125^0,$ $135^0 \ldots$

§ 84. Die Grund-Aufgaben.

H. Gegeben sind die Daten der 6 Grund=Aufgaben für das gleichschenklige Dreieck.

B. Wenn man bei jeder Grund=Aufgabe das durch die übrigen Daten bestimmte Datum in Klammern setzt, so folgt, daß ein gleich=schenkliges Dreieck bestimmt ist durch I. $a, b, (b)$;

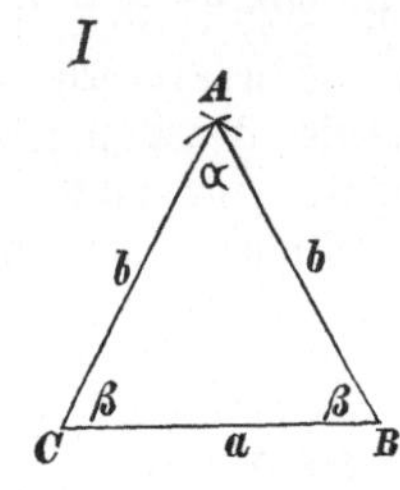

$$\text{II.} \begin{cases} b, (b), \alpha \\ a, b, (\beta) \end{cases}' \quad \text{III.} \begin{cases} (b), b, \beta \\ a, b, (\alpha) \end{cases}' \quad \text{IV.} \begin{cases} (b), b, \beta \\ a, b, (\beta) \end{cases}'$$

$$\text{V.} \begin{cases} a, \beta, (\beta) \\ b, \alpha, (\beta) \end{cases}' \quad \text{VI.} \; a, \alpha, (\beta).$$

Th. Gleichschenklige Dreiecke sind bestimmt durch a, b; b, α; $b \; \beta$; a, β; a, α.

Das gleichschenklige Dreieck ist bestimmt durch 2 Daten, unter denen eine Seite sein muß.

A_1. Es soll ein gleichschenkliges Dreieck konstruiert werden aus folgenden Daten: a, β; a, α; b, β; b, α.

Da der Außenwinkel an der Spitze eines gleichschenkligen Drei=ecks gleich dem doppelten Basis=Winkel ist, so ist der Basis=Winkel gleich dem halben Außenwinkel an der Spitze. Da nun jeder Winkel als Außenwinkel an der Spitze eines gleichschenkligen Dreiecks konstruiert werden kann, so folgt:

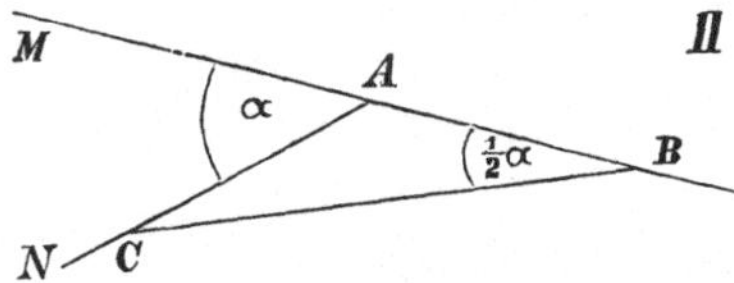

GA_{37} Wenn ein Winkel gegeben ist, so kann durch ihn, als Außenwinkel an der Spitze eines gleichschenkligen Dreiecks, ein halb so großer Winkel konstruiert werden. Fig. II.

Die Transversalen des gleichschenkligen Dreiecks.

§ 85. Die Symmetralen.

H. Gegeben das gleichschenklige $\triangle ABC$ und die zur Basis gehörige Symmetrale. Fig. I.

B. Da $AB = AC = b$ ist, so ist A von B und C gleich weit entfernt. Nach O_2 § 35 ist die Sym=metrale von BC der geometrische Ort für diejenigen Punkte, welche von B und C gleich weit entfernt sind. Folglich geht die Symmetrale von BC durch die Spitze des Dreiecks. Nach F_1 § 33 hal=biert dann $AD \; \triangle BAC$. Folglich ist die Basis=Symmetrale mit der Winkel=halbierenden des Winkels an der Spitze kongruent. Nach F_1 § 33 ist ferner

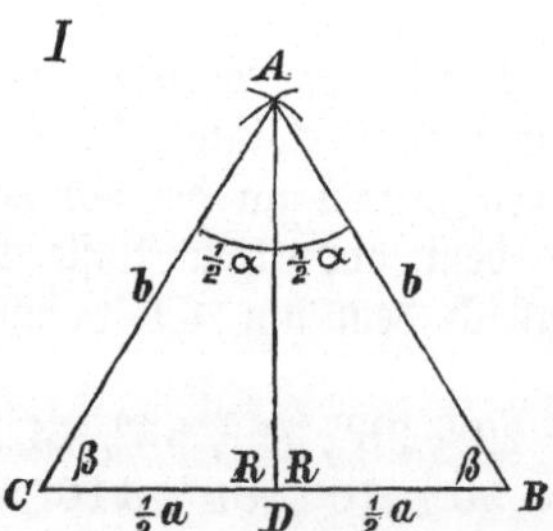

$DB = DC$ und $\angle CDA = \angle BDA = 1$ R. Folglich ist die Basis-Symmetrale mit der Basis-Höhe kongruent.

Th. Die Basis-Symmetrale geht durch A, $\angle CAD = \angle DAB = \frac{1}{2}\,\alpha$, $\angle CDA = \angle ADB = 1$ R.

L_{51} In einem gleichschenkligen Dreieck geht die Basis-Symmetrale durch die Spitze und ist mit der Winkelhalbierenden des Winkels an der Spitze, sowie mit der Basis-Höhe kongruent.

F_1. In einem gleichschenkligen Dreieck schneiden sich die Symmetralen der 3 Seiten in einem Punkte der Basis-Höhe.

§ 86. Die Winkelhalbierenden.

H. Gegeben das gleichschenklige Dreieck $\triangle ABC$, die 3 Winkelhalbierenden AW_α, BW_β, CW_γ. Fig. I.

B. Vergleicht man $\triangle AW_\alpha B$ mit $\triangle AW_\alpha C$, so ist AW_α $= AW_\alpha$, $AC = AB$, $\angle CAW_\alpha = \angle BAW_\alpha = \frac{1}{2}\,\alpha$. Folglich

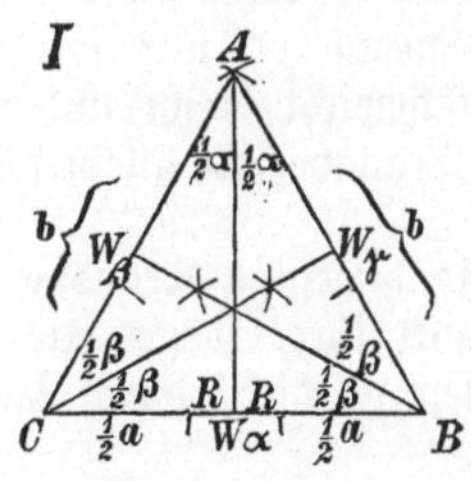

ist $\triangle AW_\alpha C \cong \triangle AW_\alpha B$ nach dem II. Kongruenzsatz, folglich $CW_\alpha = BW_\alpha = \frac{1}{2}\,\alpha$ und $\angle AW_\alpha C = \angle AW_\alpha B = 1$ R, folglich AW_α kongruent mit der Symmetrale zu BC und mit der Basis-Höhe. Vergleicht man $\triangle BCW_\beta$ mit $\triangle BCW_\gamma$, so ist $BC = BC$, $\angle BCW_\beta = \angle CBW_\gamma = \beta$ und $\angle CBW_\beta = \angle BCW_\gamma = \frac{1}{2}\,\beta$. Folglich ist $\triangle BCW_\beta \cong \triangle BCW_\gamma$ nach dem V. Kongruenzsatz, folglich ist $BW_\beta = CW_\gamma$.

Th. AW_α ist kongruent mit der Basis-Symmetrale sowie mit der Basis-Höhe, und $BW_\beta = CW_\gamma$.

L_{52} In einem gleichschenkligen Dreieck ist die Winkelhalbierende des Winkels an der Spitze kongruent mit der Basis-Symmetrale sowie mit der Basis-Höhe, und sind die Winkelhalbierenden der Basis-Winkel gleich lang.

F_1. In einem gleichschenkligen Dreieck schneiden sich die drei Winkelhalbierenden in einem Punkte der Basis-Höhe.

§ 87. Die Höhen.

H. Gegeben das gleichschenklige Dreieck ABC und die Höhen AH_a, BH_b, CH_c. Fig. I.

B. Vergleicht man $\triangle AH_a B$ mit $\triangle AH_a C$, so ist $AH_a = AH_a$, $AB = AC = b$, $\angle BH_a A = \angle CH_a A = $ R. Folglich ist $\triangle AH_a B \cong \triangle AH_a C$ nach dem III. Kongruenzsatz, folglich $BH_a = H_a C$, folglich AH_a kongruent mit der Basis-Symmetrale. Ferner muß sein $\angle BAH_a = \angle CAH_a = \frac{1}{2}\,\alpha$, folglich ist AH_a kongruent mit der Winkelhalbierenden des Winkels an der Spitze. Vergleicht man ferner $\triangle BCH_b$ mit $\triangle BCH_c$, so ist $BC = BC$,

$\angle\, BH_bC = \angle\, CH_cB = R$ und $\angle\, BCH_b = \angle\, CBH_c = \beta$. Folglich ist $\triangle\, BCH_b \cong \triangle\, BCH_c$ nach dem VI. Kongruenzsatze, folglich $BH_b = CH_c$.

Th. AH_a kongruent mit der Basis=Symmetrale sowie mit der Winkelhalbierenden des Winkels an der Spitze, und $BH_b = CH_c$.

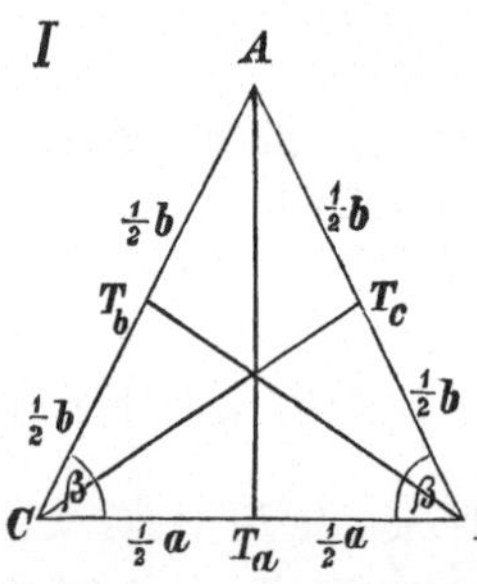

In einem gleichschenkligen Dreieck ist die Basis=Höhe kongruent sowohl mit der Basis=Symmetrale sowie mit der Winkel= halbierenden des Winkels an der Spitze, und sind die Schenkel=Höhen gleich lang.

F_1. In einem gleichschenkligen Dreiecke tritt als neue Transversale ferner die Linie hinzu, welche eine Dreiecksecke mit dem Mittel= punkte der Gegenseite verbindet. Für ein gleichmäßig schweres Dreieck hat diese Trans= versale die Eigenschaft, daß das Dreieck, wenn es nur in dieser Transversale unterstützt wird, doch im Gleichgewicht bleibt und nicht fällt, so daß von dem ganzen Dreieck diese Transversale allein schwer zu sein scheint.

E_{96} Schwerlinie eines Dreiecks heißt diejenige Transversale, welche eine Dreiecksecke mit dem Mittelpunkt ihrer Gegenseite ver= bindet. — Die Bezeichnung ihrer Maßzahlen geschieht durch t_a, t_b, t_c; ihrer Endpunkte durch T_a, T_b, T_c.

§ 88. Die Schwerlinien.

H. Gegeben das gleichschenklige Dreieck ABC und seine drei Schwerlinien AT_a, BT_b und CT_c. Fig. I.

B. Vergleicht man $\triangle\, AT_aB$ mit $\triangle\, AT_aC$, so ist $AT_a = AT_a$, $AB = AC = b$, $BT_a = CT_a = \tfrac{1}{2}\,a$. Folglich ist $\triangle\, AT_aB \cong \triangle\, AT_aC$ nach dem I. Kongruenzsatze, folglich $\angle\, AT_aB = \angle\, AT_aC = R$ und $\angle\, BAT_a = \angle\, CAT_a = \tfrac{1}{2}\,\alpha$. Folglich ist AT_a mit der Basis=Symmetrale, der Basis=Höhe und der Winkelhalbierenden des Winkels an der Spitze kongruent. Vergleicht man ferner $\triangle\, BCT_b$ mit $\triangle\, BCT_c$, so ist $BC = BC$, $CT_b = BT_c = \tfrac{1}{2}\,b$, $\angle\, BCT_b = \angle\, CBT_c = \beta$. Folglich ist $\triangle\, BCT_b \cong \triangle\, BCT_c$ nach dem II. Kongruenzsatze, folglich $BT_b = CT_c$.

Th. AT_a ist kongruent mit den übrigen Basis=Transversalen, und $BT_b = CT_c$.

L_{54} In einem gleichschenkligen Dreiecke ist die Basis=Schwerlinie kongruent sowohl mit der Basis=Symmetrale und Basis=Höhe, als mit der Winkelhalbierenden des Winkels an der Spitze, und sind die Schenkel-Schwerlinien gleich lang.

F_1. In einem gleichschenkligen Dreiecke sind alle 4 Basis-Transversalen kongruent und die 3 Arten von Schenkel-Transversalen gleich lang.

F_2. In einem gleichschenkligen Dreiecke liegen die Mittelpunkte des um- und ein-beschriebenen Kreises auf der Basis-Höhe.

F_3. In einem gleichschenkligen Dreiecke ist der Fußpunkt der Basis-Transversalen nach O_3 § 36 von den Schenkeln gleich weit entfernt.

A. Es soll ein gleichschenkliges Dreieck konstruiert werden aus den Daten: 1. a, h_a; 2. a, h_b; 3. b, h_a; 4. α, h_a; 5. α, h_b; 6. α, w_β; 7. b, t_b; 8. β, w_β; 9. α, r; 10. a, r; 11. b, r; 12. a, ϱ.

Die Vergleichung der gleichschenkligen Dreiecke.

§ 89. Die Kongruenzsätze.

H. Gegeben sind die Kongruenzbedingungen der Kongruenzsätze für das gleichschenklige Dreieck.

B. Wenn man bei jedem Kongruenzsatze die doppelt auftretenden oder die durch die übrigen Bedingungen bestimmten Stücke in Klammern setzt, so ergeben sich für das gleichschenklige Dreieck folgende Kongruenzbedingungen: Übereinstimmung I. in $a, b, (b)$, II. in $\begin{Bmatrix} b, (b), \alpha \\ a, b, (\beta) \end{Bmatrix}'$ III. in $\begin{Bmatrix} b, (b), \beta \\ a, b, (\alpha) \end{Bmatrix}'$ IV. in $\begin{Bmatrix} b, (b), \beta \\ a, b, (\beta) \end{Bmatrix}'$ V. in $\begin{Bmatrix} a, \beta, (\beta) \\ b, \alpha, (\beta) \end{Bmatrix}'$ VI. in $a, \alpha, (\beta)$.

Th. Kongruenzbedingung ist die Übereinstimmung in a, b; b, α; b, β; a, β; a, α.

$\mathbf{L}_{55}$ Gleichschenklige Dreiecke sind kongruent, wenn sie in 2 Stücken übereinstimmen, unter denen mindestens eine Seite ist.

§ 90. Gleichschenklige Dreiecke mit einem Paar gleicher Stücke.

H. Gegeben über derselben Basis BC die gleichschenkligen Dreiecke BA_1C und BA_2C. Fig. I.

B_1. Da $A_1B = A_1C$ und $A_2B = A_2C$, so liegt A_1 und A_2 nach O_2 § 35 auf der Symmetrale von BC.

$\mathbf{L}_{56}$ Th$_1$. A_1A_2 ist die Symmetrale von BC.

Wenn gleichschenklige Dreiecke eine kongruente Basis haben, so haben sie eine gemeinsame Basis-Transversale.

$\mathbf{O}_{11}$ Die Symmetrale einer Geraden ist der geometrische Ort für die Spitzen aller gleichschenkligen Dreiecke, welche die Gerade als kongruente Basis haben.

H_2. Gegeben die gleichschenkligen Dreiecke AB_1C_1 und AB_2C_2 mit einem gemeinsamen Winkel an der Spitze. Fig. II.

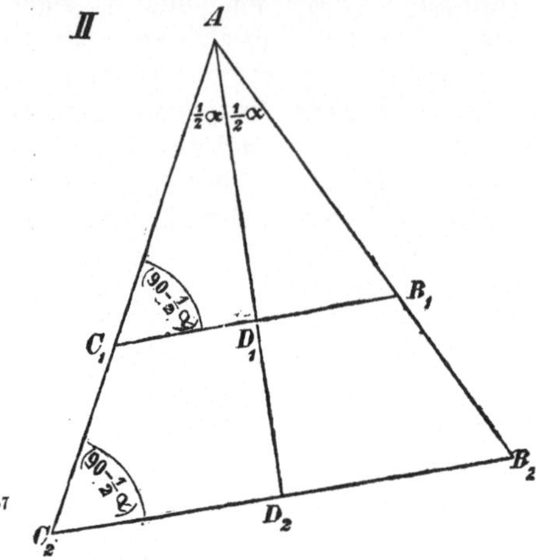

B_2. Nach L_{49} § 83 ist $\angle AC_1B_1 = \angle AC_2B_2 = (90 - {}^1/_2\,\alpha)$. Folglich ist $C_1B_1 \parallel C_2B_2$ nach F_2 § 28. Wenn man ferner $\angle B_1AC_1$ halbiert, so ist diese Halbier= linie die gemeinsame Winkel= halbierende für beide Dreiecke. Mithin haben diese Dreiecke nach F_1 § 88 gemeinsame Basis=Transversalen.

Th_2. $B_1C_1 \parallel B_2C_2$ und AD_1D_2 gemeinsame Basis= Transversale.

Wenn gleichschenklige Dreiecke einen kongruenten Winkel an der Spitze haben, so haben sie parallele Grundlinien und eine gemeinsame Basis= Transversale.

O_{12} Die Winkelhalbierende eines Winkels ist der geometrische Ort für die Mittelpunkte der Grundlinien aller gleichschenkligen Dreiecke, welche den Winkel als kongruenten Winkel an der Spitze haben.

2. Das gleichseitige Dreieck.

§ 91. Die Dreiecks-Stücke.

H. Gegeben ist ein gleichseitiges Dreieck ABC mit der Seite a. Fig. I.

B. Da $AB = AC = a$, so ist $\angle ACB = \angle ABC$. Da $AC = CB$, so ist $\angle ABC = \angle BAC$. Folglich sind alle 3 Winkel einander gleich; folglich beträgt jeder den dritten Teil von 2 R, also 60°.

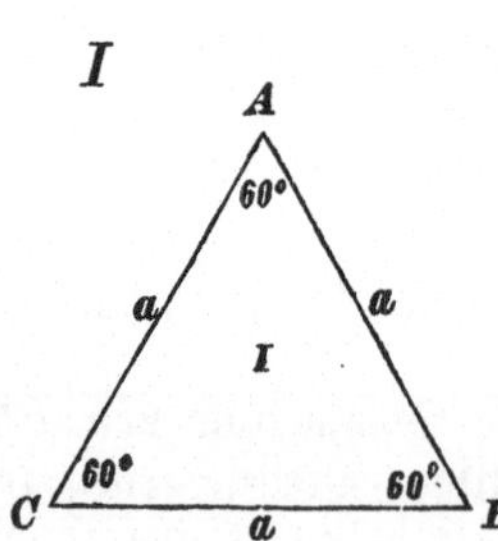

Th. $\angle ABC = \angle BCA = \angle CAB = 60°$.

Ein gleichseitiges Dreieck ist auch ein gleichwinkliges Dreieck, in welchem jeder Winkel gleich 60° ist.

Regulär heißt eine gleichseitig gleich= winklige Figur.

F_1. Das gleichseitige Dreieck ist ein reguläres Dreieck.

Da durch die Seite a alle übrigen Dreiecksstücke bestimmt sind, so folgt:

F$_2$. Ein gleichseitiges Dreieck ist durch eine Seite bestimmt.

Da die Konstruktion eines gleichseitigen Dreiecks einen Winkel von 60° bestimmt und nach GA$_{37}$ § 84 zu dem Winkel von 60° ein halb so großer Winkel konstruiert werden kann, so folgt:

GA$_{38}$ Im Endpunkt einer Geraden kann durch das gleich= seitige Dreieck ein Lot errichtet werden.   Vgl. Fig. II.

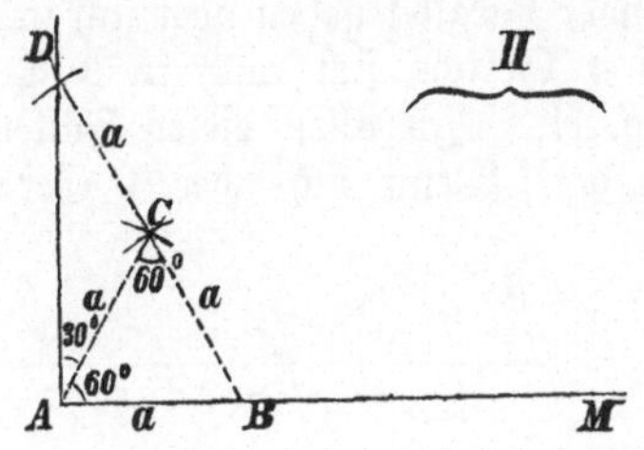
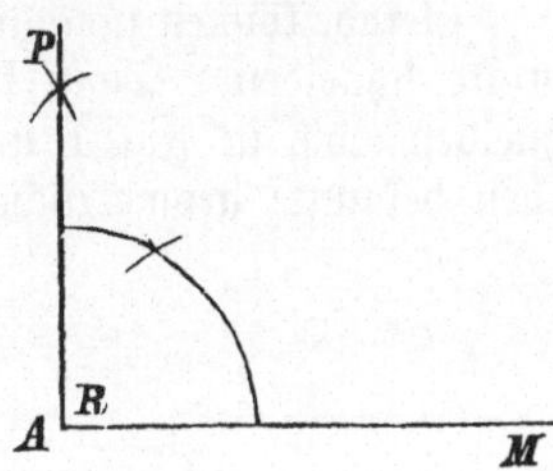

Da durch Übereinstimmung in einer Seite auch alle übrigen Stücke gleichseitiger Dreiecke übereinstimmen, so folgt:

F$_3$. Gleichseitige Dreiecke sind kongruent, wenn sie in einer Seite übereinstimmen.

§ 92. Die Transversalen.

H. Gegeben das gleichseitige Dreieck ABC und irgend 3 Trans= versalen AD, BE, CF. Fig. I.

B. Da jede Seite als die Basis eines gleichschenkligen Dreiecks aufgefaßt werden kann, so folgt nach F$_1$ § 88, daß sämtliche zu einer Seite zu= gehörigen Transversalen kongruent sind; und daß sämtliche Transversalen der 3 Seiten gleich lang sind.

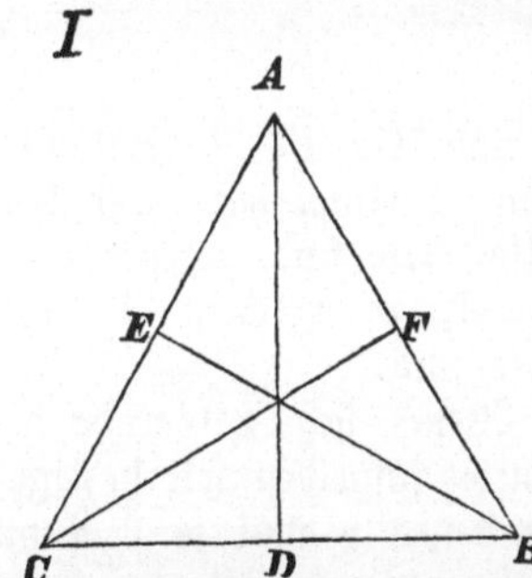

Th. AD ist Symmetrale, Winkel= halbierende, Höhe, Schwerlinie; ebenso BE und CF. Ferner ist $AD = BE = CF$.

In einem gleichseitigen Dreiecke sind sämtliche zu einer Seite zugehörigen Transversalen kongruent, und sind alle 3 Transversalen gleich lang.

F$_1$. In einem gleichseitigen Dreiecke sind die Mittelpunkte des um= und ein=beschriebenen Kreises kongruent.

A$_1$. Gegeben ein gleichseitiges Dreieck. Es sollen seine Trans= versalen und die Mittelpunkte des um= und ein=beschriebenen Kreises konstruiert werden.

A$_2$. Es soll ein gleichseitiges Dreieck konstruiert werden aus dem Datum: 1. w_α; 2. h_α; 3. t_α; 4. r; 5. ϱ.

3*

II. Das Viereck.

§ 93. Die Bildung des Vierecks.

4 Gerade können zunächst einander parallel gehen oder sich in einem Punkte schneiden. Dann können 4 Gerade sich auch in 3 Punkten schneiden, wie in Fig. I und Fig. II. In allen diesen Fällen entstehen bekannte geometrische Gebilde. Wenn sich aber 4 Gerade in

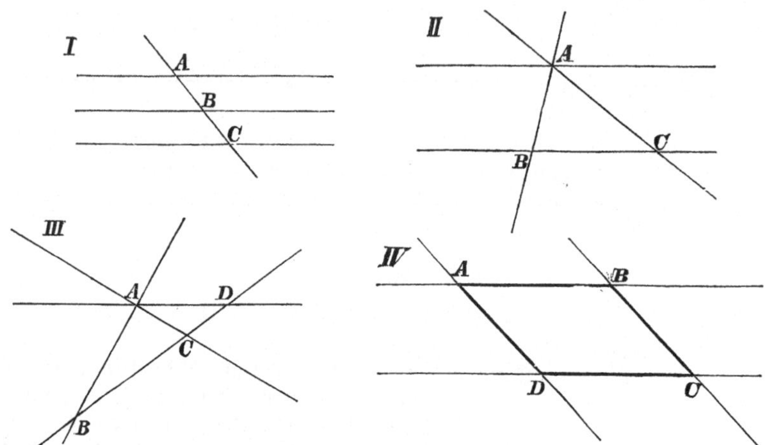

4 Punkten schneiden, wie in Fig. III und Fig. IV, so entsteht in Fig. IV eine neue Figur, deren Umfang 4 Ecken hat, und deren beide gegenüberliegenden Seiten-Paare Parallele sind.

E₉₈   **Parallelogramm** heißt ein Viereck, in welchem die beiden gegenüberliegenden Seiten-Paare Parallele sind.

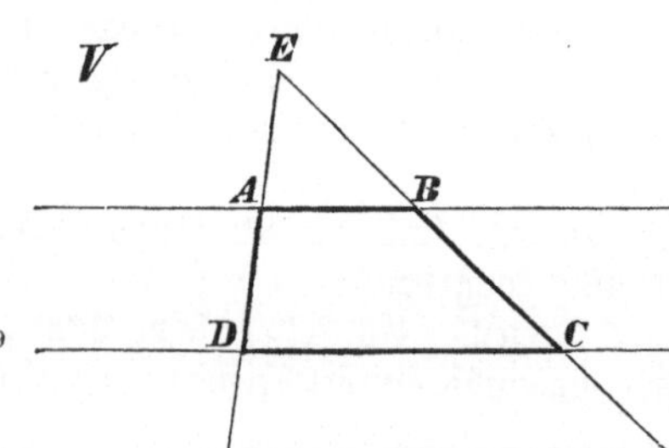

Wenn sich 4 Gerade in 5 Punkten schneiden, wie in Fig. V, von denen 2 mal je 3 Punkte in einer Geraden liegen, so entsteht wieder ein Viereck $ABCD$, in welchem jedoch nur ein Gegenseiten-Paar Parallele sind.

E₉₉   **Trapez** heißt ein Viereck, in welchem ein gegenüberliegendes Seiten-Paar aus Parallelen besteht.

Wenn 4 Gerade sich im allgemeinen so schneiden, daß sich immer nur je 2 in einem Punkte schneiden, so haben dieselben nach

$$F_3 \ \S\ 18 \ \frac{4 \cdot 3}{2} = 6$$ Schnittpunkte, von denen 4 mal je 3 in einer

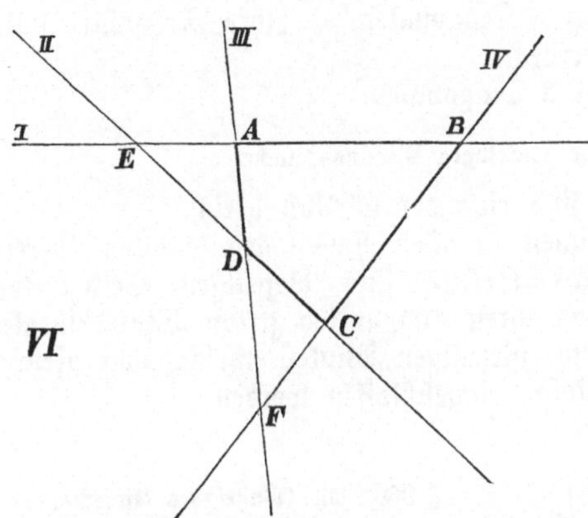

Geraden liegen. Fig. VI. Auch in diesem Falle entsteht nur ein Viereck, z. B. $ABCD$.

F_1. Die Vierecke lassen 2 besondere Arten von Vierecken unterscheiden, das Parallelogramm und das Trapez.

F_2. Ein Vierseit hat 6 Ecken, von denen 4 mal je 3 auf einer Geraden liegen.

F_3. Beim Trapez liegt ein Schnittpunkt der 4 Seiten im Unendlichen, und beim Parallelogramm liegen 2 Schnittpunkte der 4 Seiten im Unendlichen.

§ 94. Die Vierecks-Stücke.

Der Name des Vierecks wird mit 4 großen lateinischen Buchstaben geschrieben und in derjenigen Buchstabenfolge gelesen, in

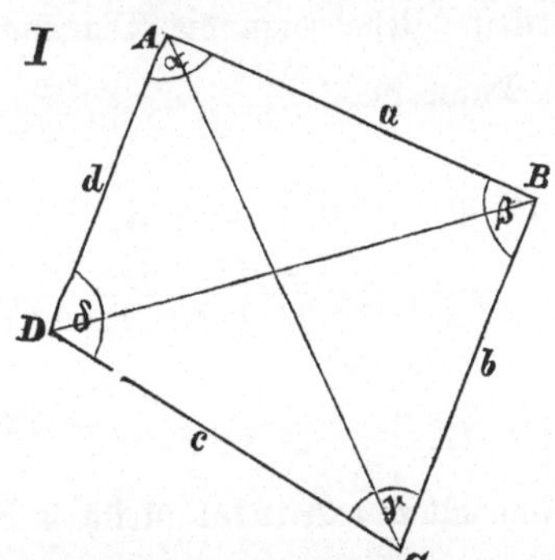

welcher das Auge die Reihenfolge der Ecken am Umfang wahrnimmt. Das Vierecks-Zeichen wird vor denselben gestellt. Viereck $ABCD$ in Fig. I.

F_1. Jedes Viereck hat 2 entgegengesetzte Namen.

Ein Vierecks-Umfang läßt 4 Seiten und 4 Winkel unterscheiden. Die Strecken der 4 Seiten des Vierecks werden durch diejenigen kleinen lateinischen Buchstaben bezeichnet, welche ihren großen Anfangsbuchstaben entsprechen. Die Maßzahlen der 4 Winkel des Vierecks werden mit denjenigen kleinen griechischen Buchstaben bezeichnet, welche ihren großen Scheitel-Buchstaben entsprechen. Fig. I.

Zwischen 4 Punkten, von denen nicht 3 in einer Geraden liegen, giebt es nach $F_3 \ \S\ 14 \ \frac{4 \cdot 3}{2} = 6$ Gerade. Fig. I. Von diesen 6 Geraden bilden 4 Gerade die 4 Seiten des Vierecks. Die beiden anderen, AC und BD in Fig. I, erscheinen als Transversalen, welche durch je 2 gegenüberliegende Ecken des Vierecks gehen.

E_{100}. Diagonalen heißen diejenigen Vierecks-Transversalen, welche durch 2 gegenüberliegende Ecken desselben gehen.

F_2. Jedes Viereck hat 2 Diagonalen. — Ihre Maßzahlen sollen mit e und f bezeichnet werden.

F_3. Ein Vierseit hat 3 Diagonalen.

§ 95. Die homologen Vierecks-Stücke.

Kongruente Vierecke sind einander wirklich gleich.

Gleiche Vierecke stimmen in allen homologen Stücken überein.

Homologe Vierecks-Stücke sind diejenigen Seiten kongruenter Vierecke, welche an ihren Endpunkten gleiche Winkel in gleicher Reihenfolge haben; und diejenigen Winkel, welche von gleichen Seiten in gleicher Reihenfolge eingeschlossen werden.

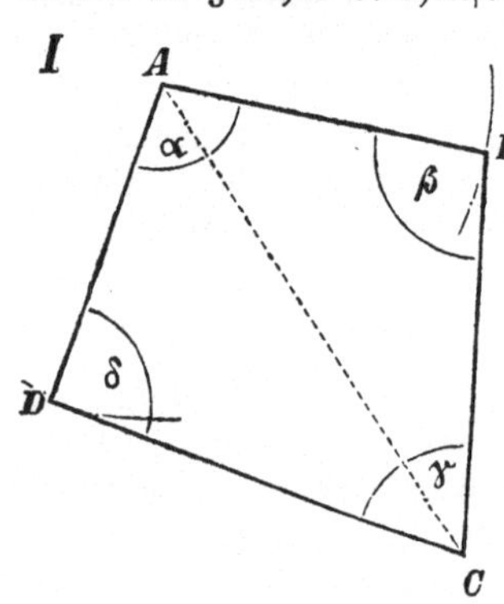

§ 96. Die Winkel des Vierecks.

H. Gegeben Viereck $ABCD$, darin die Winkel α, β, γ, δ. Fig. I.

B. Um die Eigenschaften der Vierecks-Winkel aus Dreiecks-Winkeln abzuleiten, ziehe man die Diagonale AC. Dann ist

$$\text{in } \triangle ABC: \measuredangle\,\beta + \measuredangle\,BAC + \measuredangle\,BCA = 2\,\text{R},$$
$$\text{in } \triangle ADC: \measuredangle\,\delta + \measuredangle\,DAC + \measuredangle\,DCA = 2\,\text{R}.$$
$$\measuredangle\beta + \measuredangle\delta + (\measuredangle BAC + \measuredangle DAC) + (\measuredangle BCA + \measuredangle DCA) = 4\,\text{R}.$$

Folglich ist:

$$\measuredangle\beta + \measuredangle\delta + \measuredangle\alpha \qquad\qquad + \measuredangle\gamma \qquad\qquad = 4\,\text{R}.$$

Th. $\alpha + \beta + \gamma + \delta = 4\,\text{R}.$

L_{60}. In einem Viereck ist die Summe aller 4 Winkel gleich 4 R.

§ 97. Die Diagonalen.

Wenn man in einem Viereck die Diagonalen zieht, Fig. I, so folgt:

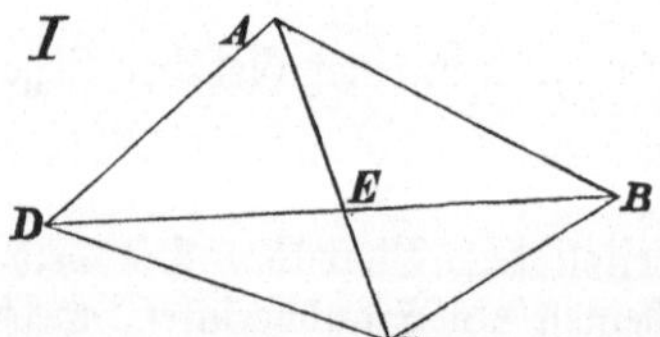

F_1. In einem Viereck teilt jede Diagonale dasselbe in 2 Dreiecke, die allein in der Diagonale übereinstimmen.

F_2. In einem Viereck ist der Schnittpunkt beider Diagonalen die gemeinsame Ecke von 2 Paar Scheitel-Dreiecken.

Da zur Konstruktion jedes Dreiecks 3 Daten erforderlich sind, und die beiden durch eine Diagonale gebildeten Dreiecke eines Vierecks nur in der Diagonale übereinstimmen, Fig. II; so folgt, daß zur Konstruktion von $\triangle ABD$ drei Daten, und von $\triangle BCD$ außer der durch $\triangle ABD$ bekannten Diagonale BD noch 2 Daten erforderlich sind.

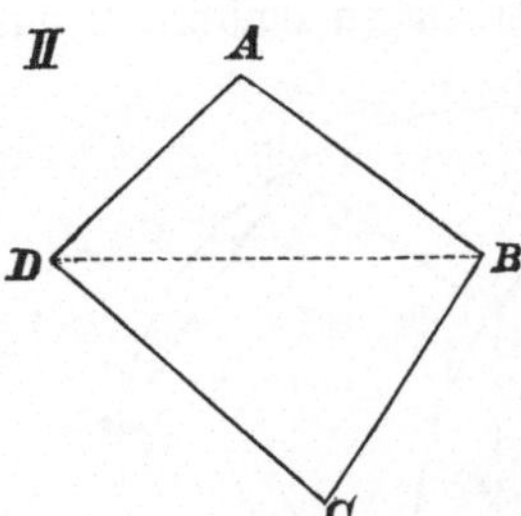

F_3. Ein Viereck ist im allgemeinen durch 5 Daten bestimmt.

F_4. Vierecke sind kongruent, wenn sie im allgemeinen in 5 Stücken übereinstimmen.

A. Es soll ein Viereck konstruiert werden aus folgenden Daten: 1. a, b, c, d, α; 2. a, b, c, β, γ; 3. $a, b, \alpha, \beta, \gamma$; 4. a, b, c, e, δ; 5. a, b, c, d, e; 6. a, b, δ, e, f; 7. a, β, δ, e, f.

§ 98. Das Sehnen-Viereck.

H_1. Gegeben das Sehnen=Viereck $ABCD$ mit Centrum M und mit den Peripherie=Winkeln $\alpha, \beta, \gamma, \delta$. Fig. I.

B_1. Verbindet man M mit den 2 Gegenecken des Vierecks B und D, so ist nach L_{17} § 46 $\angle DMB$ auf Bogen DCB gleich 2α, und $\angle DMB$ auf Bogen DAB gleich 2γ. Nun ist $2\alpha + 2\gamma = 4\,\mathrm{R}$, folglich $\alpha + \gamma = 2\,\mathrm{R}$.

Th_1. $\alpha + \gamma = 2\,\mathrm{R}$.

Dieselbe Beweisführung gilt für die Gegenwinkel β und δ.

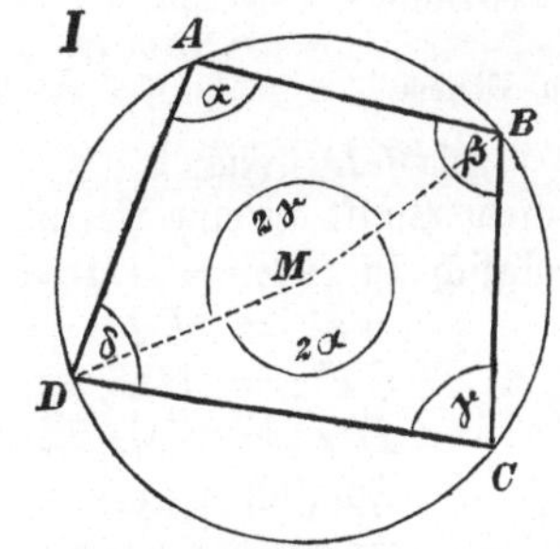

In jedem Sehnen=Viereck sind die Summen der gegenüberliegenden Winkel gleich groß, und gleich $2\,\mathrm{R}$.

Der Kreis ist nun durch die 3 Punkte A, B, C der Fig. I bestimmt nach GA_{35} § 74. Die Beweisführung bleibt dann für jeden vierten Punkt D des Bogens ADC dieselbe. Mithin sind alle Winkel ADC als Supplemente zu demselben Winkel β gleich groß.

F_1. Wenn ein Kreis durch 3 Punkte bestimmt ist, so ist derjenige Bogen zwischen 2 von diesen Punkten, welcher den durch den dritten Punkt bestimmten Bogen zur ganzen Peripherie ergänzt, der geometrische Ort für alle Punkte, welche mit den 3 gegebenen Punkten ein Sehnen=Viereck bilden.

H_2. Gegeben ein Viereck $ABCD$, in welchem $\alpha + \gamma = 2\,\mathrm{R}$ konstruiert ist. Fig. II.

B_2. Konstruiert man das Centrum des Kreises E, welcher durch A, B, D hindurchgeht, so ist nach F_1 Bogen BD der geometrische Ort für die Scheitelpunkte derjenigen Winkel, welche mit

α Supplemente bilden. Nun ist $\angle \gamma$ nach Konstruktion in Fig. II das Supplement zu α, also liegt C in dem Bogen zwischen B und D.

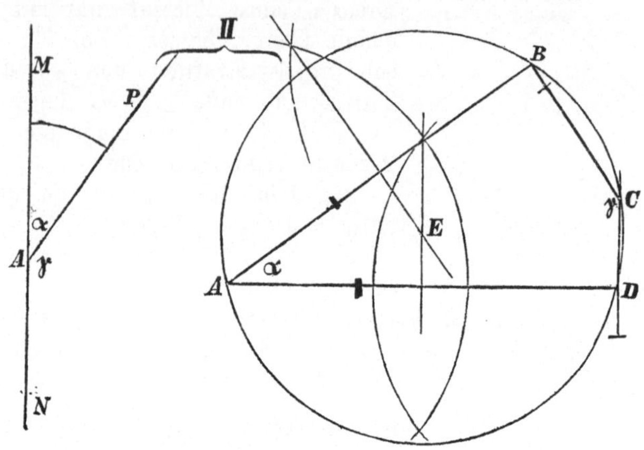

Th$_2$. Die durch ABD bestimmte Peripherie geht durch C.

L$_{62}$ Wenn in einem Viereck die gegenüberliegenden Winkel Supplemente sind, so geht die durch 3 Ecken bestimmte Peripherie stets durch die vierte Ecke, so ist das Viereck ein Sehnen=Viereck.

F$_2$. L$_{62}$ und L$_{61}$ sind umgekehrte Lehrsätze.

§ 99. Das Tangenten-Viereck.

H$_1$. Gegeben das Tangenten=Viereck $ABCD$. Fig. I.

B$_1$. Nach L$_{12}$ § 41 sind die von einem Punkt an eine Peripherie gezogenen Tangenten gleich lang. Folglich ist $AE = AH = m$,

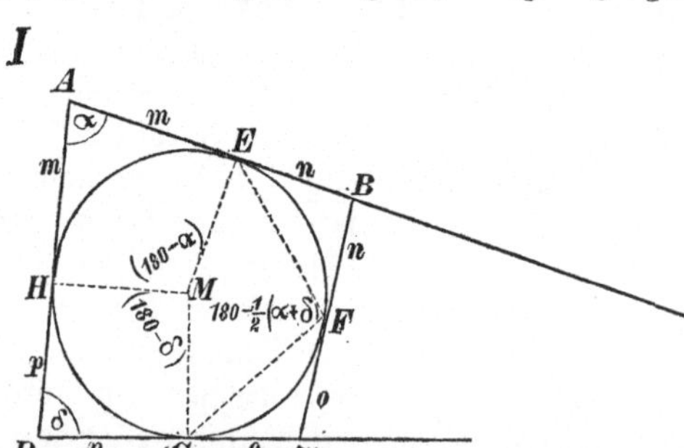

$$BE = BF = n,$$
$$CF = CG = o,$$
$$DG = DH = p.$$

Folglich ist $AB + CD = m + n + o + p$ und $BC + DA = n + o + p + m$. Folglich ist $AB + CD = BC + DA$.

Zieht man ferner $ME = MG = MH$ und FE und FG; so ist $\angle EMH = 180 - \alpha$ und $\angle HMG = 180 - \delta$, folglich $\angle GME$, gehörig zu Bogen GHE, gleich $360 - (\alpha + \delta)$, folglich $\angle EFG$, gehörig zu demselben Bogen GHE, gleich $180 - \frac{1}{2}(\alpha + \delta)$.

Th$_1$. $AB + CD = BC + DA$ und $\angle EFG = 180 - \frac{1}{2}(\alpha + \delta)$.

L$_{63}$ In einem Tangenten=Viereck sind die Summen der gegenüberliegenden Seiten gleich, und ist der Berührungspunkt jeder

Tangente der Scheitelpunkt eines Peripherie-Winkels, welcher gleich dem Supplement der halben Summe der beiden von den 3 anderen Tangenten gebildeten Winkel ist.

Wenn die Lage von 3 Tangenten bestimmt ist, z. B. von AD, AB und DC, so sind α und δ bestimmt, so ist Kreis ME bestimmt, so ist $\triangle EFG = 180 - \frac{1}{2}(\alpha + \delta)$ bestimmt für jedes F jeder vierten Tangente BC.

F_1. Derjenige durch 3 Tangenten bestimmte Kreisbogen, welcher den zwischen den 3 Berührungs-Punkten befindlichen Bogen zur ganzen Peripherie ergänzt, ist der geometrische Ort für die Berührungs-Punkte aller vierten Geraden, welche mit den gegebenen 3 Tangenten ein Tangenten-Viereck bilden.

H_2. Gegeben $MN = a + c = OP = b + d$; daraus konstruiert ein Viereck $ABCD$, so daß $AB + CD = a + c$ und $BC + DA = b + d$ ist. Fig. II.

B_2. Nennt man die Winkel des Vierecks α, β, γ, δ, konstruiert denjenigen Kreis, welcher die Tangenten a, b, c in E, F, G berührt, und zieht RE, RF, RG und HG und HE; so ist $\alpha + \beta + \gamma + \delta = 360$, folglich $\alpha + \delta = 360 - (\beta + \gamma)$ und $\frac{1}{2}(\alpha + \delta) = 180 - \frac{1}{2}(\beta + \gamma)$. Ferner ist $\triangle ERF = 180 - \beta$, $\triangle FRG = 180 - \gamma$, folglich $\triangle ERG$, zugehörig zum Bogen EFG, gleich $360 - (\beta + \gamma)$. Macht man dann $DH = DG$, so muß nach H_2 auch $AH = AE$ sein. Folglich $\triangle GHD = 90 - \frac{1}{2}\delta$, $\triangle AHE = 90 - \frac{1}{2}\alpha$, folglich $\triangle EHG = \frac{1}{2}\alpha + \frac{1}{2}\delta = 180 - \frac{1}{2}(\beta + \gamma)$. Folglich ist $\triangle EHG = \frac{1}{2}\triangle ERG$.

Folglich ist $\triangle EHG$ ein Peripherie-Winkel in dem Kreise um R, zugehörig zum Bogen EFG. Zieht man nun RH, so ist auch $\triangle RHG = \triangle RGH$, also $\triangle RHD = \triangle RGD = 1$ R. Folglich ist H Berührungs-Punkt des Kreises für AD.

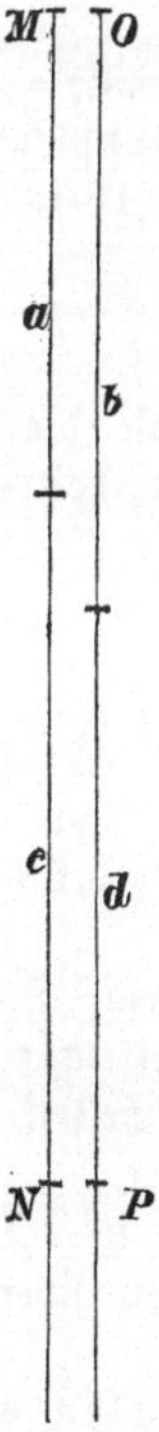

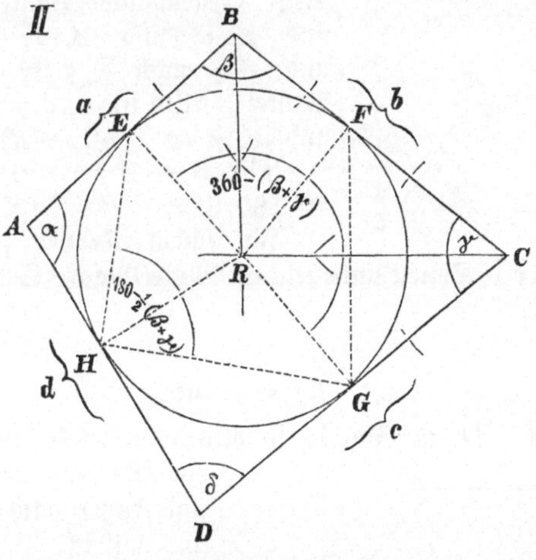

Th$_2$. Der durch a, b, c bestimmte Berührungs-Kreis um R berührt auch d in H.

  Wenn in einem Vierecke die Summen der gegenüberliegenden

Seiten gleich sind, so berührt der durch 3 Seiten bestimmte Be=
rührungs=Kreis auch stets die vierte Seite; so ist das Viereck ein
Tangenten=Viereck.

F_2. L_{64} ist die Umkehrung zu L_{63}.

Da in einem Sehnen=Viereck durch jeden Winkel auch der gegen=
überliegende Winkel, und in einem Tangenten=Viereck durch jede
Seite auch die Länge der gegenüberliegenden Seite bestimmt ist,
so folgt:

F_3. Ein Kreis=Viereck ist im allgemeinen durch 4 Stücke be=
stimmt.

Das Trapez.

§ 100. Die Winkel des Trapezes.

H. Gegeben ist Trapez $ABCD$, also $AB \parallel DC$. Fig. I.

B. Da $AB \parallel DC$, so bilden $\angle \alpha$ und $\angle \delta$, sowie $\angle \beta$ und
$\angle \gamma$ Gegenwinkel=Paare. Folglich
sind $\angle \alpha$ und $\angle \delta$, sowie $\angle \beta$
und $\angle \gamma$ nach F_3 § 28 Supplement=
Winkel. Also ist $\angle \delta = (180 - \alpha)$
und $\angle \gamma = (180 - \beta)$.

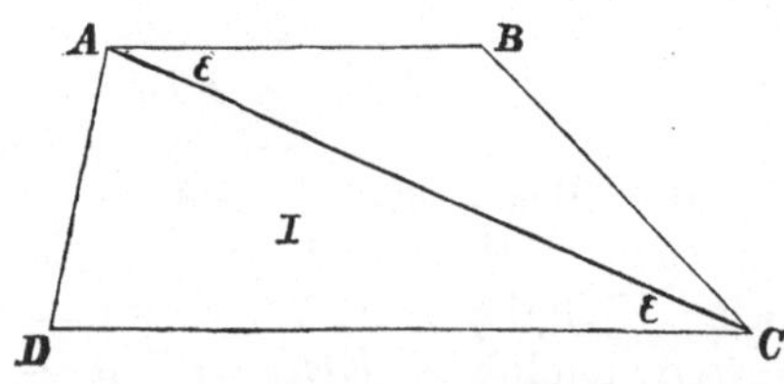

Th. $\alpha + \delta = 180$ und $\beta + \gamma$
$= 180$.

In einem Trapez sind die den
nicht=parallelen Seiten anliegenden Winkel=Paare Supplement=
Winkel.

§ 101. Die Diagonalen.

Da $AB \parallel CD$ in Fig. I, so bilden $\angle BAC$ und $\angle ACD$
ein Wechselwinkel=Paar und
sind daher nach F_5 § 28 ein=
ander gleich.

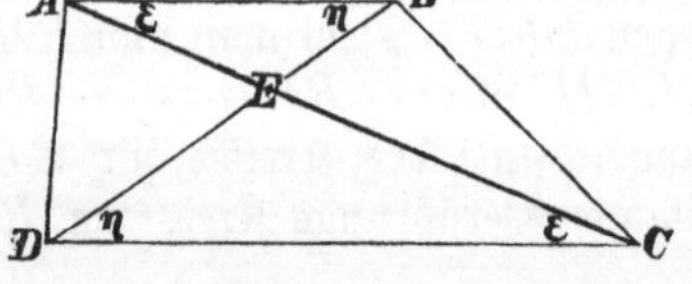

F_1. In einem Trapez
bildet jede Diagonale mit
den parallelen Seiten ein
Wechselwinkel=Paar.

F_2. Jede Diagonale eines Trapezes teilt dasselbe in 2 Drei=
ecke, die in zwei Stücken überein=
stimmen.

F_3. Beide Diagonalen eines
Trapezes in Fig. II bilden um ihren
Schnittpunkt 4 Dreiecke, von de=
nen das zu den parallelen Seiten
gehörige Scheitel=Dreieckspaar winkelgleich ist.

§ 102. Konstruktion und Kongruenz.

Da nach F_2 § 101 jede Diagonale eines Trapezes dasselbe in 2 Dreiecke teilt, die in 2 Stücken übereinstimmen, so ist, wenn das erste Dreieck durch 3 Daten bestimmt ist, das zweite Dreieck bestimmt, wenn noch ein Datum dazukommt.

F_1. Ein Trapez ist im allgemeinen durch 4 Daten bestimmt.

F_2. Trapeze sind kongruent, wenn sie im allgemeinen in 4 Stücken übereinstimmen.

A. Es soll ein Trapez konstruiert werden aus folgenden Daten: 1. a, b, c, β; 2. a, b, c, e; 3. a, b, d, e; 4. a, b, d, β; 5. a, b, α, β; 6. a, d, α, e; 7. a, b, e, f.

§ 103. Das Sehnen-Trapez.

H. Gegeben das Sehnen-Trapez $ABCD$. Fig. I.

B. Da $ABCD$ ein Trapez ist, so sind α und δ Supplement-Winkel, also $\delta = (180 - \alpha)$. Da $ABCD$ ein Sehnen-Viereck ist,

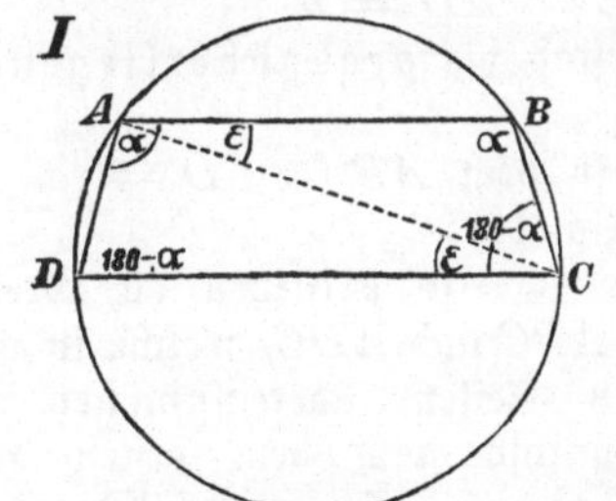

so sind auch α und γ Supplement-Winkel, mithin $\gamma = (180 - \alpha)$. Da auch β und γ Supplement-Winkel sind, so ist $\beta = \alpha$.

Th. $\angle BAD = \angle ABC = \alpha$ und $\angle ADC = \angle BCD = (180 - \alpha)$.

Gleichschenklig heißt ein Trapez, in welchem die den Parallelen anliegenden Winkel gleich groß sind.

L_{66}. Ein Sehnen-Trapez ist ein gleichschenkliges Trapez.

F_1. In einem gleichschenkligen Trapeze geht der durch drei Ecken bestimmte Kreis stets durch die vierte Ecke. (Umkehrung von L_{66} und folgt aus L_{62} § 98.)

Zieht man die Diagonale AC, so folgt aus der Gleichheit der Wechsel-Winkel ε die Gleichheit der zugehörigen Bogen und daraus die Gleichheit der zugehörigen Sehnen BC und AD.

F_2. In einem gleichschenkligen Trapeze sind die nicht parallelen Seiten gleich lang.

§ 104. Das Tangenten-Trapez.

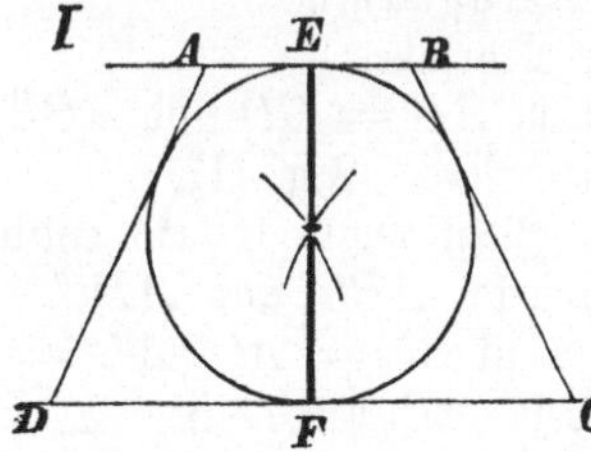

Wenn ein Tangenten-Trapez gegeben ist in Fig. I, so muß, da $AB \parallel CD$ ist, nach F_1 § 41 EF ein Kreis-Durchmesser sein.

F_1. In einem Tangenten-Trapez bilden die den Parallelen zugehörigen Berührungs-Radien einen Kreis-Durchmesser.

F_2. Das Sehnen= und Tangenten=Trapez sind durch 3 Daten bestimmt.

3. Das Parallelogramm.

§ 105. Die Seiten des Parallelogramms.

H_1. Gegeben das Parallelogramm $ABCD$. Fig. I.

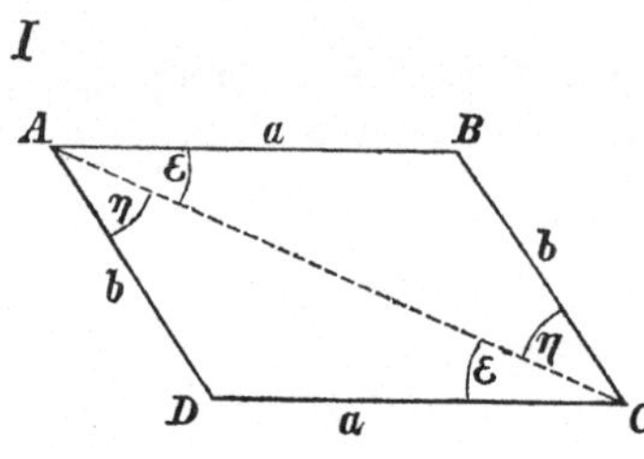

B_1. Wenn man die Diago=nale AC zieht, so ist $\angle BAC = \angle ACD = \varepsilon$ als Wechsel=Winkel, ebenso $\angle BCA = \angle CAD = \eta$ als Wechsel=Winkel. Ferner ist $AC = AC$. Also ist $\triangle ABC \cong \triangle ADC$ nach dem V. Kongruenzsatze. Folglich ist $AB = CD$ und $BC = AD$.

Th. $AB = CD = a$ und $BC = AD = b$.

L_{67} In einem Parallelogramm sind die gegenüberliegenden Seiten gleich lang.

H_2. Gegeben Viereck $ABCD$, in dem $AB = CD = a$ und $BC = AD = b$ konstruiert sind. Fig. II.

B_2. Zieht man die Diagonale AC, so entstehen die Dreiecke ABC und ADC, welche in allen 3 Seiten übereinstimmen und mithin nach dem ersten Kon=gruenzsatze kongruent sind. Folg=lich ist $\angle BAC = \angle DCA$. Da beide Winkel gleich ge=richtet sind, das eine Schenkel=paar AC und CA aber ent=

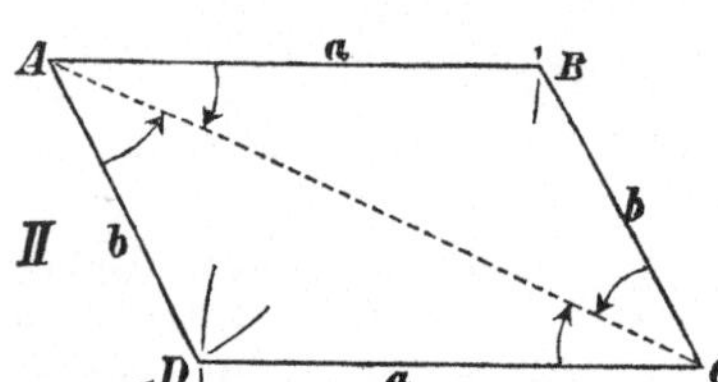

gegengesetzt gerichtet ist, so muß nach F_6 § 28 auch AB und CD entgegengesetzt gerichtet, also parallel sein. Ebenso folgt aus der Kongruenz der Dreiecke $\angle BCA = \angle DAC$, und aus gleichen Gründen wie vorher $BC \parallel AD$.

Th₂. $AB \parallel CD$ und $BC \parallel AD$.

L_{68} Wenn in einem Viereck die gegenüberliegenden Seiten gleich lang sind, so ist es ein Parallelogramm.

F_1. L_{68} und L_{67} sind umgekehrte Lehrsätze.

H_3. Gegeben Viereck $ABCD$, in dem $AB = CD$ und $AB \parallel CD$ konstruiert sind. Fig. III.

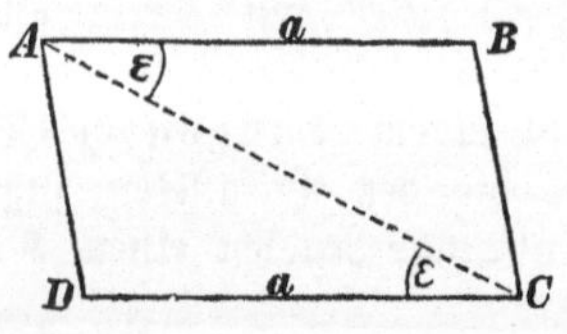

B_3. Zieht man AC, so entstehen die Dreiecke ABC und ADC. In denselben ist $AC = AC$, $AB = CD$ und, weil $AB \parallel CD$ ist, $\angle BAC = \angle DCA = \varepsilon$. Folglich ist $\triangle ABC$

$\cong \triangle\ ADC$ nach dem II. Kongruenzsatze. Folglich ist $BC = AD$, folglich auch nach L_{68} $BC \parallel AD$.

Th$_3$. $BC = AD$ und $BC \parallel AD$.

L_{69} Wenn in einem Viereck zwei Gegenseiten gleich und parallel sind, so ist es ein Parallelogramm.

Ein Viereck mit gleichen Gegenseiten kann durch Zirkel und Lineal konstruiert werden.

GA_{39} Parallele können konstruiert werden mit Zirkel und Lineal durch ein Viereck mit gleichen Gegenseiten.

§ 106. Die Winkel des Parallelogramms.

H_1. Gegeben das Parallelogramm $ABCD$. Fig. I.

B_1. $\angle BAD = \angle BCD = \alpha$ als Wechsel-Winkel, $\angle ADC + \angle BAD = 180$ als Gegen-Winkel, folglich $\angle ADC = (180 - \alpha)$. $\angle ABC = \angle ADC = (180 - \alpha)$ als Wechsel-Winkel.

Th. $\angle BAD = \angle BCD = \alpha$ und $\angle ABC = \angle ADC = (180 - \alpha)$.

L_{70} In einem Parallelogramm sind die gegenüberliegenden Winkel einander gleich, und die jeder Seite anliegenden Winkel Supplement-Winkel.

F_1. In einem Parallelogramm bestimmt ein Winkel alle übrigen.

A_1. Wie groß sind die Winkel derjenigen Parallelogramme, in denen ein Winkel $= 50^{\,0}$, $75^{\,0}$, $100^{\,0}$, $60^{\,0}$, $145^{\,0}$, $135^{\,0}$ 2c. ist?

H_2. Gegeben Viereck $ABCD$, in welchem $\angle BAD = \angle BCD = \alpha$ und $\angle ABC = \angle ADC$ konstruiert ist. Dazu muß $2 \angle ADC + 2\alpha = 360$, also $\angle ADC + \alpha = 180$, also $\angle ADC = \angle ABC = 180 - \alpha$ gewählt werden.

B_2. Da $\angle BAD + \angle ADC = 180$, da ferner beide Winkel entgegengesetzt gerichtet sind, und auch das eine Schenkelpaar AD und DA entgegengesetzt gerichtet ist, so muß nach F_4 § 28 das andere Schenkelpaar gleichgerichtet, also $AB \parallel DC$ sein. Da $\angle ADC + \angle BCD = 180$, so folgt aus denselben Gründen $DA \parallel CB$.

Th$_2$. $AB \parallel DC$ und $BC \parallel AD$.

L_{71} Wenn in einem Vierecke die gegenüberliegenden Winkel gleich oder die den Seiten anliegenden Winkel Supplemente sind, so ist es ein Parallelogramm.

F_2. L_{71} und L_{70} sind umgekehrte Lehrsätze.

§ 107. Die Diagonalen.

Da die Gegenseiten eines Parallelogramms gleich lang sind, so folgt nach Fig. I.:

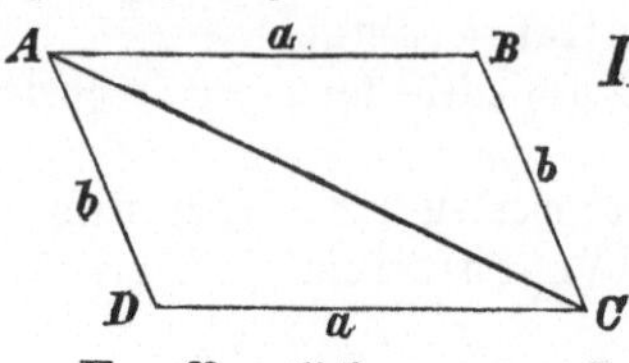

F_1. Jede Diagonale eines Parallelogramms teilt dasselbe in 2 kongruente Dreiecke.

F_2. Ein Parallelogramm ist im allgemeinen durch 3 Daten be=stimmt.

F_3. Parallelogramme sind kongruent, wenn sie im allge=meinen in 3 Stücken übereinstimmen.

H_1. Gegeben das Parallelogramm $ABCD$, darin beide Diago=nalen AC und BD. Fig. II.

B_1. Vergleicht man zwei Dreiecke mit gemeinsamer Basis, in

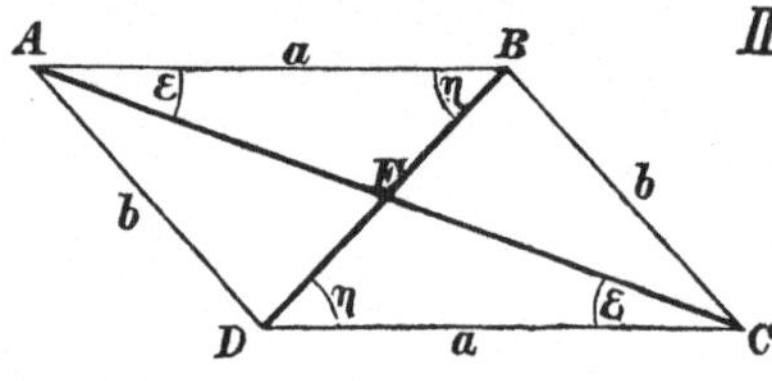

denen die Diagonalen Seiten sind, z. B. $\triangle CDB$ und $\triangle CDA$, so ist $CD = CD$, $CB = DA = b$, dagegen $\angle BCD < \angle ADC$, weil dieselben Sup=plemente sind. Folglich muß nach L_{45} § 78 $BD < AC$ sein.

Th_1. $BD < AC$.

L_{72} In einem Parallelogramm sind beide Diagonalen ungleich, und zwar ist diejenige Diagonale die kleinere, welche dem spitzen Winkel des Parallelogramms gegenüberliegt.

H_2. Gegeben ein Parallelogramm $ABCD$, darin beide Diago=nalen AC und BD. Fig. II.

B_2. Nennt man den Schnittpunkt der Diagonalen E, und ver=gleicht man 2 Scheitel=Dreiecke an demselben, z. B. $\triangle AEB$ mit $\triangle DEC$, so sind dieselben nach dem V. Kongruenzsatze kongruent. Folglich ist $AE = EC$ und $BE = ED$.

Th_2. $AE = EC$ und $BE = ED$.

L_{73} In einem Parallelogramm ist der Schnittpunkt der Dia=gonalen zugleich ihr Halbierungspunkt.

H_3. Gegeben ist Viereck $ABCD$, in welchem $EA = EC = \mathrm{m}$ und $EB = ED = \mathrm{n}$ konstruiert ist. Fig. III.

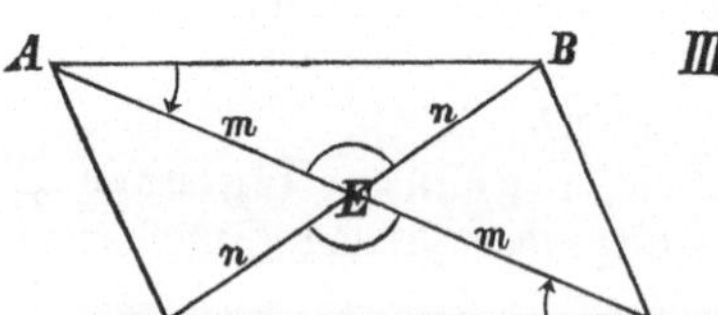

B_3. Vergleicht man 2 Schei=tel=Dreiecke um E, z. B. $\triangle AEB$ mit $\triangle DEC$, so sind dieselben nach dem II. Kongruenzsatze kon=gruent. Folglich ist $AB = CD$. Folglich ist $\angle BAE = \angle DCE$.

Da beide Winkel gleich gerichtet sind, das eine Schenkelpaar AE und

CE aber entgegengesetzt gerichtet ist, so muß nach F_6 § 28 auch das andere Schenkelpaar entgegengesetzt gerichtet und also parallel sein. Folglich ist $AB \parallel CD$. Wenn aber $AB = CD$ und $AB \parallel CD$, so ist nach L_{69} § 105 auch $BC \parallel AD$.

Th_3. $AB \parallel CD$ und $BC \parallel AD$.

L_{74} Wenn in einem Viereck der Schnittpunkt der Diagonalen zugleich ihr Halbierungspunkt ist, so ist es ein Parallelogramm.

F_4. L_{74} und L_{73} sind umgekehrte Lehrsätze.

Ein Viereck, in welchem der Schnittpunkt der Diagonalen zugleich ihr Halbierungspunkt ist, kann mit Zirkel und Lineal konstruiert werden.

GA_{40}

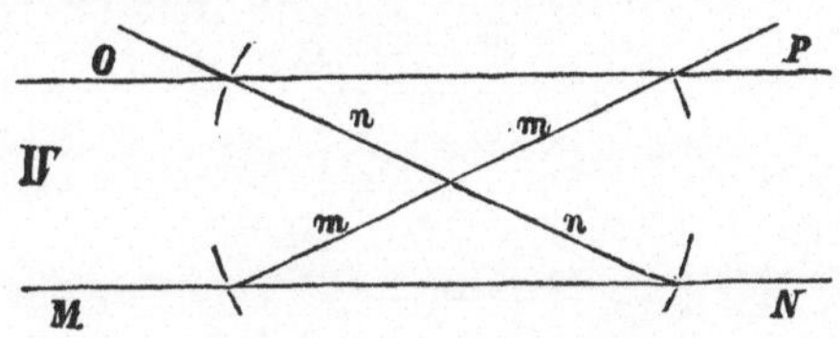

Parallele können konstruiert werden mit Zirkel und Lineal durch ein Viereck, in dem der Schnittpunkt der Diagonalen zugleich ihr Halbierungspunkt ist Fig. IV.

A. Es soll ein Parallelogramm konstruiert werden aus den Daten: 1. a, b, α; 2. a, b, e; 3. a, e, α; 4. a, e, f; 5. e, f, α ꝛc.

§ 108. Parallelogramm und Kreis.

Da in einem Parallelogramm die gegenüberliegenden Winkel gleich groß, aber keine Supplemente sind, so giebt es kein Sehnen-Parallelogramm. Da ferner die Gegenseiten zwar gleich, aber die Summen der Gegenseiten nicht gleich sind, so giebt es auch kein Tangenten-Parallelogramm.

§ 109. 1. Parallelogramm und Dreieck.

H. Gegeben $\triangle ABC$, in demselben die 3 Höhen AH_a, BH_b und CH_c. Fig. I.

B. Wenn man jeden Dreiecks-Winkel zu einem Parallelogramm vervollständigt, z. B. $\angle \gamma$ zu $\square AFBC$ ꝛc., so entsteht ein dem $\triangle ABC$ umschriebenes Dreieck DEF, in welchem $EF \parallel BC$, $FD \parallel CA$ und $DE \parallel AB$ ist. Folglich ist $AH_a \perp EF$, $BH_b \perp DF$ und $CH_c \perp DE$. Ferner ist in $\square AFBC$: $AF = BC = a$ und in $\square AECB$ $AE = BC = a$. Folglich ist $AF = AE = a$, folglich ist AH_a die Symmetrale zu EF. Ebenso folgt, daß BH_b die Symmetrale zu DF und CH_c die Symmetrale zu DE ist. Folglich müssen sich AH_a, BH_b, CH_c nach L_{32} §71 in einem Punkte schneiden.

Th. AH_a, BH_b, CH_c haben einen gemeinsamen Schnittpunkt.

L$_{75}$ Die 3 Höhen eines Dreiecks schneiden sich in einem Punkte.

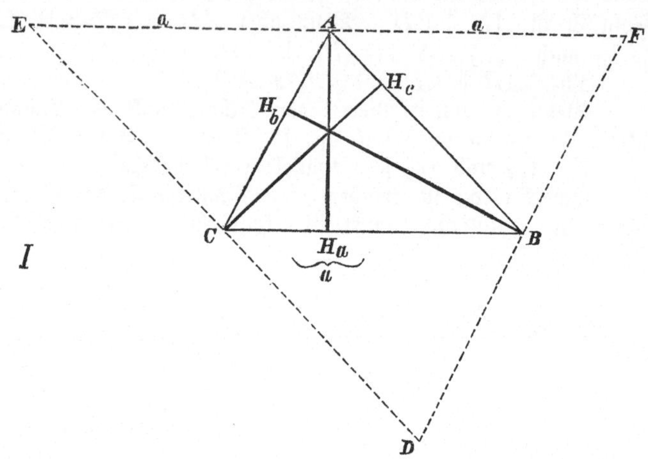

F$_1$. Der Höhenpunkt eines Dreiecks ist der dritte merk=würdige Punkt im Dreieck.

F$_2$. Der Höhenpunkt liegt in einem spitzwinkligen Dreiecke innerhalb des Dreiecks, bei einem rechtwinkligen im Scheitelpunkt des Rechten, bei einem stumpfwinkligen Dreiecke außerhalb des Dreiecks.

§ 110.   2. Parallelogramm und Trapez.

E$_{102}$ Mittellinie eines Trapezes heißt die Verbindungslinie der Mittelpunkte der beiden Nicht=Parallelen desselben. EF in Fig. I.

H$_1$. Gegeben das Trapez $ABCD$, darin konstruiert die Mittel=linie desselben EF. Fig. I.

B$_1$. Wenn man durch $FGH \parallel AD$ konstruiert, so daß Parallelo=

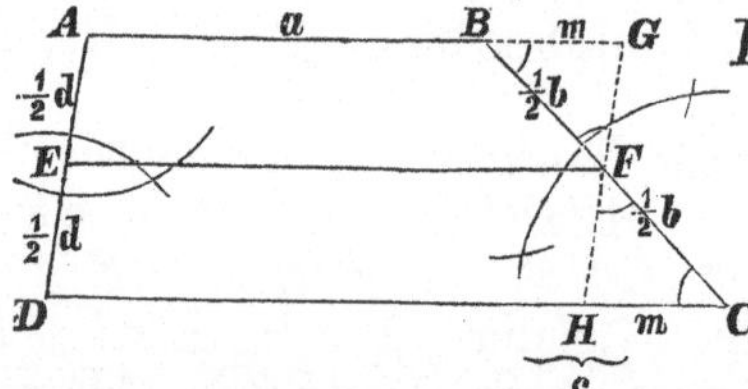

gramm $AGHD$ entsteht, so stimmen in den Dreiecken BGF und CHF überein $BF = FC$, $\angle BFG = \angle CFH$ und $\angle FBG = \angle FCH$ als Wechsel = Winkel. Folglich ist $\triangle BFG \cong \triangle CFH$ nach dem V. Kongruenzsatz. Folglich ist $FG = FH$, folglich, da in $\square AGHD$ $GH = AD = d$ ist, $FG = FH = ^1/_2 d$; folglich ist, da in Viereck $AGFE$: $FG \parallel AE$, nach Konstruktion, und $FG = AE = ^1/_2 d$ ist, Viereck $AGFE$ nach L_{69} § 105 ein Parallelogramm und folglich $EF \parallel AG$, also auch $EF \parallel AB \parallel CD$.

Ferner folgt, da $\triangle BFG \cong \triangle CFH$ ist, $BG = CH = m$,

$$\text{folglich ist in } \square\, AGFE \quad EF = a + m$$
$$\text{und in } \square\, EFHD \quad EF = c - m,$$
$$\text{also } \overline{2\,EF = a + c}$$
$$\text{und } EF = {}^{1}/_{2}(a + c).$$

Th$_1$. $EF \parallel AB \parallel DC$, und $EF = {}^{1}/_{2}(a + c)$.

L$_{76}$ In einem Trapeze ist die Mittellinie den Parallelen des Trapezes parallel, und gleich ihrer halben Summe.

F$_1$. In einem Parallelogramm ist die Mittellinie zweier Parallelen diesen Parallelen parallel und gleich.

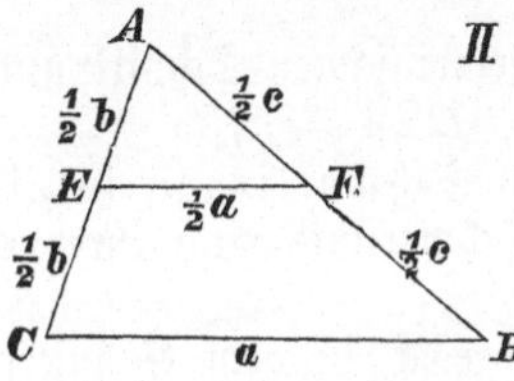

Da ein Dreieck als ein Trapez aufgefaßt werden kann, in welchem die eine Parallele unendlich klein, also gleich Null ist, Fig. II, so folgt:

F$_2$. In einem Dreieck ist die Mittellinie zweier Seiten der dritten Seite parallel, und gleich ihrer Hälfte.

F$_3$. Jedes Trapez wird durch eine Gerade, welche durch den Endpunkt einer Parallelen zu einer Nicht = Parallelen parallel geht, in ein Parallelogramm und ein Dreieck zerlegt.

F$_4$. Wenn die beiden Nicht = Parallelen eines Trapezes gleich sind, so ist es gleichschenklig.

H$_2$. Gegeben $\triangle\, ABC$, darin konstruiert seine 3 Schwerlinien AT_a, BT_b, CT_c. Fig. III.

B$_2$. Verbindet man T_b mit T_c, so ist in $\triangle\, ABC$ $T_b\, T_c$ die Mittellinie für die beiden Dreiecksseiten b und c. Folglich ist nach F$_2$: $T_b\, T_c \parallel BC$ und $T_b\, T_c = {}^{1}/_{2}\,a$.

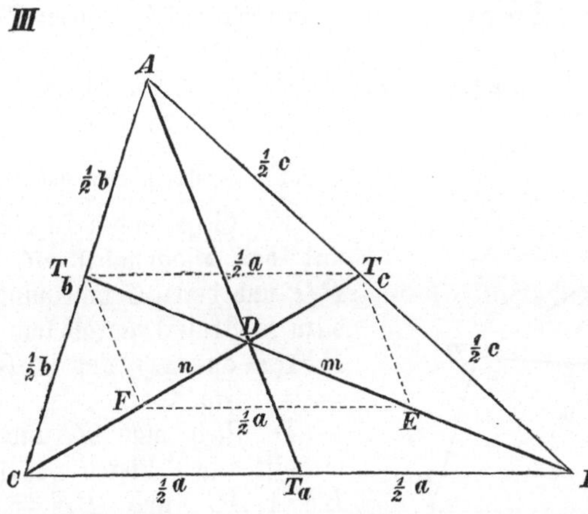

Bezeichnet man den Schnittpunkt der beiden Schwerlinien BT_b und CT_c mit D, und konstruiert in $\triangle\, BCD$ die Mittellinie zu den beiden Seiten DB und DC gleich EF, so ist ebenfalls nach F$_2$: $EF \parallel BC$ und $EF = {}^{1}/_{2}\,a$. Zieht man dann $T_b\, F$ und $T_c\, E$, so ist im Viereck $T_b\, T_c\, EF$

$T_b\, T_c = EF = {}^{1}/_{2}\,a$ und $T_b\, T_c \parallel EF \parallel BC$. Folglich ist es nach L$_{69}$ § 105 ein Parallelogramm, folglich ist in demselben nach L$_{73}$ § 107 $DT_b = DE = m$ und $DT_c = DF = n$; folglich ist $DT_b = m$

und $DB = 2m$, $DT_c = n$ und $DC = 2n$; folglich ist $DT_b = {}^1\!/_3 tb$ und $DB = {}^2\!/_3 tb$, $DT_c = {}^1\!/_3 tc$ und $DC = {}^2\!/_3 tc$; folglich teilt der Schnittpunkt von zwei Schwerlinien jede Schwerlinie so, daß ein Drittel ihrer Länge nach ihrer Dreiecksseite zu und 2 Drittel derselben nach ihrer Dreiecksecke zu liegen.

Da nun die dritte Schwerlinie AT_a jede der beiden anderen Schwerlinien aus demselben Grunde ebenso schneiden muß, D aber der einzige Punkt ist, durch welchen ein Drittel einer Schwerlinie nach ihrer Seite zu abgeschnitten werden kann, so folgt, daß AT_a ebenfalls durch D hindurchgehen muß.

Th_2. AT_a, BT_b, CT_c haben den gemeinsamen Schnittpunkt D, und es ist $DT_a = {}^1\!/_3 ta$, $DT_b = {}^1\!/_3 tb$, $DT_c = {}^1\!/_3 tc$.

L_{77} In einem Dreieck schneiden sich die 3 Schwerlinien in einem Punkte, so daß ein Drittel von jeder Schwerlinie nach ihrer Seite zu liegt.

Wenn ein gleichmäßig schweres Dreieck in dem Schnittpunkt der Schwerlinien unterstützt wird, so fällt dasselbe nicht. Dieser Punkt scheint daher der einzige schwere Punkt des Dreiecks zu sein.

E_{96a} Schwerpunkt eines Dreiecks heißt der gemeinsame Schnittpunkt seiner 3 Schwerlinien. (E_{96} § 87.)

F_5. Der Schwerpunkt ist der vierte merkwürdige Punkt im Dreieck.

F_6. Jede Schwerlinie eines Dreiecks kann aufgefaßt werden als die Hälfte der Diagonale eines Parallelogramms, in welchem die der Schwerlinie zugehörige Dreiecks-Seite die zweite Diagonale bildet.

A. Es soll ein Dreieck konstruiert werden aus folgenden Daten: 1. b, c, ta; 2. b, β, ta; 3. ta, tb, tc; 4. ta und die Winkel, welche ta mit den anliegenden Seiten bildet, also ta, $\angle (ta, b)$, $\angle (ta, c)$, 5. ta, $\angle (ta, c)$, b rc.; 6. a, tb, tc; 7. a, α, ta; 8. a, hb, ta.

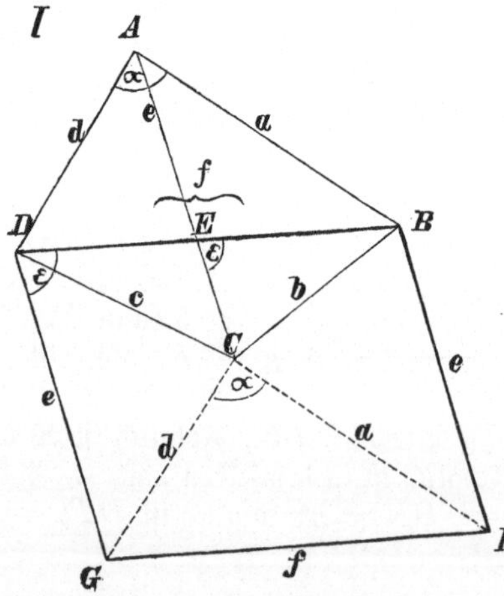

§ 111. **Parallelogramm und Viereck.**

H. Gegeben Viereck $ABCD$ mit den Diagonalen AC und BD und deren Schnittpunkt E; dazu konstruiert Parallelogramm $BFGD$ aus e, f und $\angle (e, f) = \varepsilon$. Fig. I.

B. Zieht man CG und CF, so ist in Viereck $ABFC$: $BF \parallel AC$ und $BF = AC$, folglich ist es ein Parallelogramm, folglich ist $CF = a$ und $CF \parallel AB$. Aus gleichem Grunde ist $CG = d$ und

$CG \parallel AD$. Folglich ist $\measuredangle GCF = \alpha$ als korrespondenter Winkel, und folglich ist $\triangle GCF \cong \triangle DAB$.

Th. $\triangle GCF \cong \triangle DAB$ und $\triangle GCF$ korrespondent zu $\triangle DAB$.

L_{78} Wenn man in einem Viereck über der einen Diagonale ein Parallelogramm konstruiert, welches durch die zweite Diagonale und den Diagonalen-Winkel bestimmt ist; so ist der Endpunkt der zweiten Diagonale die Spitze eines Dreiecks, welches dem am anderen Endpunkt über der ersten Diagonale gelegenen Dreiecke kongruent und korrespondent ist.

A. Es soll ein Viereck konstruiert werden aus folgenden Daten: 1. a, b, e, f, ε; 2. $a, \alpha, e, f, \varepsilon$; 3. $\alpha, \gamma, e, f, \varepsilon$.

§ 112. Die Arten des Parallelogramms.

In einem Parallelogramm unterscheidet man zunächst zwei verschiedene einer Seite anliegende Winkel, welche Supplement-Winkel sind. Ein besonderer Fall tritt daher ein, wenn diese Winkel gleich und folglich Rechte sind. In diesem Falle entsteht ein gleichwinkliges und zwar rechtwinkliges Parallelogramm.

E_{103} Rechteck heißt ein gleichwinkliges Parallelogramm.

F_1. Ein Rechteck ist ein Parallelogramm, in dem ein Winkel ein Rechter ist.

In einem Parallelogramm unterscheidet man ferner 2 verschiedene Seiten, die in einer Ecke zusammenstoßen. Ein besonderer Fall tritt daher ein, wenn die in einer Ecke zusammenstoßenden Seiten gleich lang sind. In diesem Falle entsteht ein gleichseitiges Parallelogramm.

E_{104} Rhombus heißt ein gleichseitiges Parallelogramm.

F_2. Ein Rhombus ist ein Parallelogramm, in dem 2 in einer Ecke zusammenstoßende Seiten gleich sind.

In einem Rechteck unterscheidet man 2 verschiedene Seiten, die in einer Ecke zusammenstoßen. Ein besonderer Fall tritt daher ein, wenn die in einer Ecke zusammenstoßenden Seiten gleich sind. In diesem Falle entsteht ein gleichseitiges Rechteck, also ein gleichseitig-gleichwinkliges Parallelogramm, also ein reguläres Viereck.

In einem Rhombus unterscheidet man zwei verschiedene einer Seite anliegende Winkel, welche Supplement-Winkel sind. Ein besonderer Fall tritt daher ein, wenn diese Winkel gleich und folglich Rechte sind. In diesem Falle entsteht ein gleichwinkliger Rhombus, also ein gleichwinklig-gleichseitiges Parallelogramm, also ebenfalls ein reguläres Viereck.

E_{105} Quadrat heißt ein reguläres Viereck.

F_3. Ein Quadrat ist ein Rhombus, in dem ein Winkel ein Rechter ist; oder ein Rechteck, in dem 2 in einer Ecke zusammenstoßende Seiten gleich lang sind.

F_4. Es giebt drei verschiedene Arten der Parallelogramme: Rechtecke, Rhomben, Quadrate.

Das Rechteck.

§ 113. Die Seiten des Rechtecks.

H_1. Gegeben Rechteck $ABCD$, $MN \perp AD$. Fig. I.

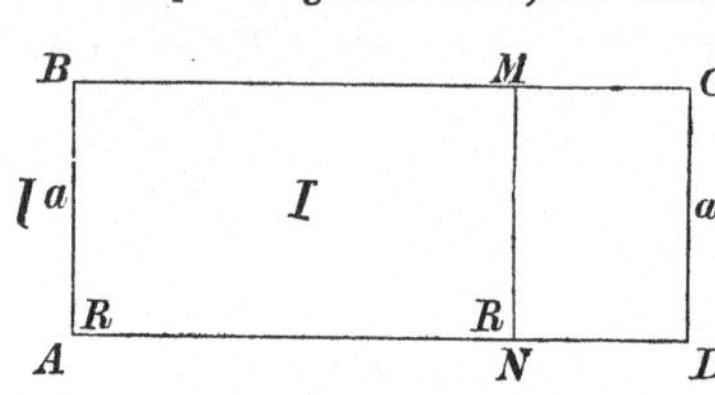

B_1. In Viereck $ABMN$ sind 3 Winkel Rechte, also ist auch $\angle BMN = R$, also ist das Viereck $ABMN$ ein Rechteck, also ist $MN = a$; also ist M von AD um a entfernt.

Th_1. $MN = a$.

Derselbe Beweis gilt für alle Punkte der Parallelen BC.

L_{79} Wenn zwei Parallele gegeben sind, so sind alle Punkte der einen Parallelen von der anderen gleich weit entfernt.

H_2. Gegeben MN, in derselben A, B, C; darüber $AA_1 \perp MN$ und $= a$, $BB_1 \perp MN$ und $= a$, $CC_1 \perp MN$ und $= a$. Fig. II.

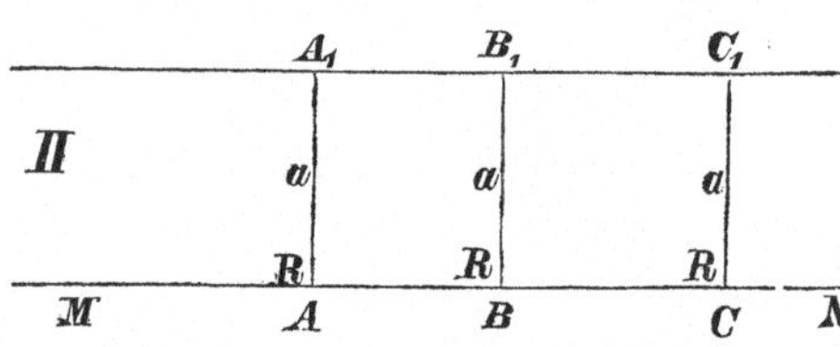

B_2. Zieht man $A_1 B_1$, so ist in Viereck AA_1B_1B die Seite $AA_1 = BB_1 = a$ und $AA_1 \parallel BB_1$. Folglich ist dasselbe ein Rechteck, folglich $A_1 B_1 \parallel AB$. Zieht man $B_1 C_1$, so ist aus demselben Grunde $B_1 C_1 \parallel BC$. Nun giebt es durch B_1 zu MN nur eine Parallele. Also liegen $A_1 \, B_1 \, C_1$ alle in derselben Geraden, welche zu MN in der Entfernung a parallel geht.

Th_2. $A_1 \, B_1 \, C_1$ liegen in einer Geraden, welche in der Entfernung a zu MN parallel geht.

Derselbe Beweis gilt für alle Punkte, welche um a von MN entfernt sind.

O_{13} Jede Parallele ist ein geometrischer Ort für die Punkte, welche von der anderen Parallelen gleich weit entfernt sind.

Wenn eine Gerade gegeben ist, so kann in einem ihrer Punkte mit Zirkel und Lineal ein Lot errichtet, dies Lot gleich einer Strecke a gemacht und durch seinen Endpunkt zur gegebenen Geraden eine Parallele konstruiert werden.

GA_{41} Wenn MN und a gegeben sind, so kann durch Zirkel und Lineal der geometrische Ort für die Punkte konstruiert werden, welche von MN um a entfernt sind.

GA_{42} Wenn MN und a gegeben sind, so kann durch eine gemeinsame Tangente an zwei Kreise um 2 Punkte in MN mit den Radien a

der geometrische Ort für die Punkte, welche von MN um a entfernt sind, mechanisch konstruiert werden. Fig. III.

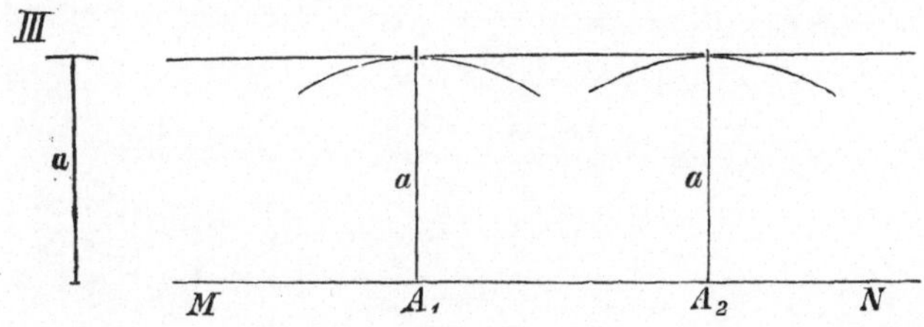

§ 114. Die Diagonalen.

Wenn man in einem Rechtecke $ABCD$ eine Diagonale AC zieht, Fig. I, so folgt:

F_1. Jede Diagonale eines Rechtecks teilt dasselbe in zwei kongruente rechtwinklige Dreiecke.

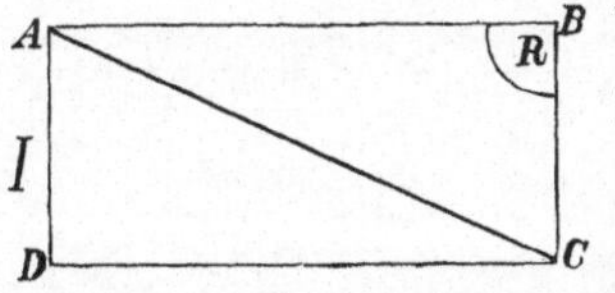

F_2. Ein Rechteck ist im allgemeinen durch zwei Daten bestimmt.

F_3. Die Kongruenz zweier Recht= ecke ist im allgemeinen durch zwei über= einstimmende Stücke bestimmt.

H. Gegeben Rechteck $ABCD$ und beide Diagonalen AC und BD. Fig. II.

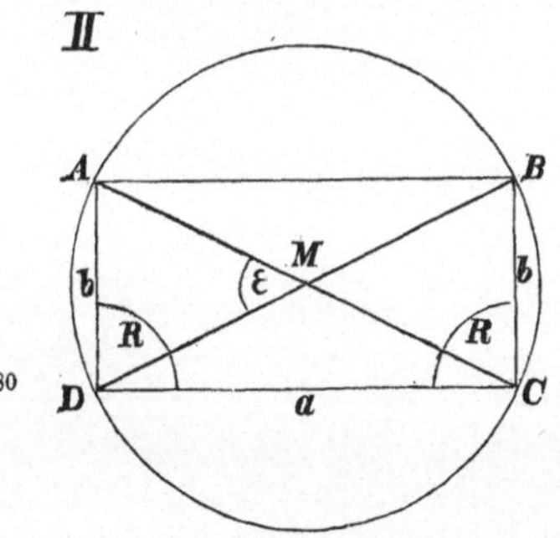

B. Vergleicht man $\triangle DCB$ mit $\triangle DCA$, so ist $DC = DC$, $BC = AD = b$, $\angle BCD = \angle ADC = R$. Folglich ist $\triangle BCD \cong \triangle ADC$ nach dem II. Kongruenzsatz, folglich ist $BD = AC$.

Th. $AC = BD$.

In einem Rechteck sind beide Dia= gonalen gleich lang.

F_4. In einem Rechteck ist der Schnittpunkt der Diagonalen von allen 4 Ecken gleich weit entfernt.

F_5. Um jedes Rechteck läßt sich ein Kreis beschreiben. Das Centrum desselben ist der Schnittpunkt der Diagonalen. (Dies folgt auch aus L_{62} § 98).

A_1. Es soll ein Rechteck konstruiert werden aus den Daten: 1. a, b; 2. a, e; 3. $a, \triangle (a, e)$; 4. e, ε; 5. a, ε.

A_2. Es soll ein Dreieck konstruiert werden aus den Daten: 1. a, h_a, α; 2. a, h_a, t_a; 3. a, α, ϱ.

A. Es soll ein Rhombus konstruiert werden aus folgenden Daten: 1. a, e; 2. α, e; 3. e, f; 4. e, ϱ; 5. α, ϱ; 6. a, α.

Das Quadrat.

§ 116. Die Diagonalen.

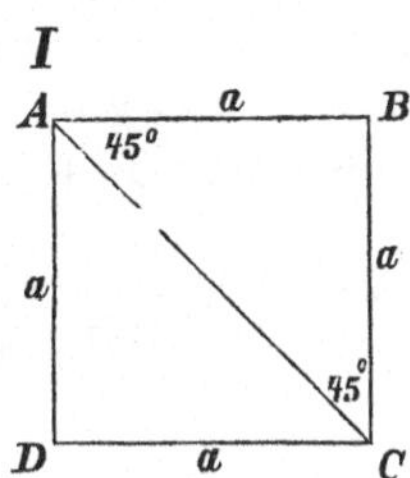

Wenn man in einem Quadrat eine Diagonale zieht, Fig. I, so folgt:

F$_1$. Jede Diagonale eines Quadrats teilt dasselbe in zwei kongruente gleichschenklig rechtwinklige Dreiecke.

F$_2$. Ein Quadrat ist im allgemeinen durch ein Datum bestimmt.

F$_3$. Die Kongruenz zweier Quadrate ist im allgemeinen durch ein übereinstimmendes Stück bestimmt.

H. Gegeben ein Quadrat $ABCD$ und beide Diagonalen AC und BD. Fig. II.

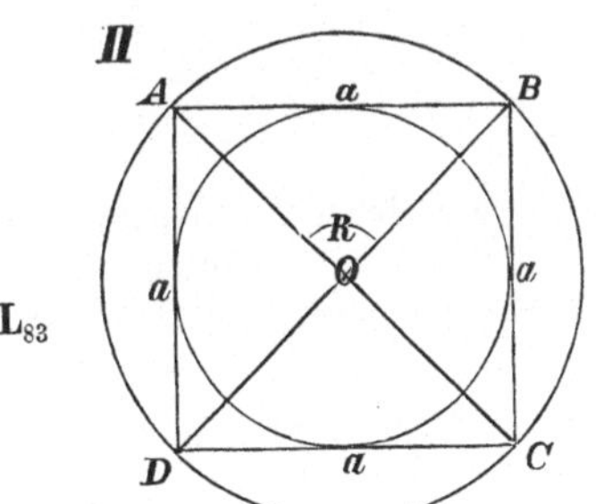

B. Da das Quadrat ein Rechteck ist, so sind die Diagonalen gleich lang. Da das Quadrat auch ein Rhombus ist, so stehen die Diagonalen aufeinander senkrecht.

Th. $AC = BD$ und $AC \perp BD$.

In einem Quadrate sind die Diagonalen gleich lang, und stehen aufeinander senkrecht.

F$_4$. In einem Quadrate ist der Schnittpunkt der Diagonalen der Mittelpunkt des umbeschriebenen und zugleich des einbeschriebenen Kreises.

F$_5$. Um und in jedes Quadrat läßt sich ein Kreis beschreiben.

A. Es soll ein Quadrat konstruiert werden aus seiner Diagonale.

III. Das n-eck.

§ 117. Die Winkel des n-ecks.

H. Gegeben ein Fünfeck $ABCDE$ in Fig. I.

B. Verbindet man irgend einen Punkt O innerhalb des Fünfecks mit den Ecken, so entstehen 5 Dreiecke. In denselben ist:

$$\alpha_1 + \varepsilon_2 + \angle\ AOE = 2\,R$$
$$\alpha_2 + \beta_1 + \angle\ AOB = 2\,R$$
$$\beta_2 + \gamma_1 + \angle\ BOC = 2\,R$$
$$\gamma_2 + \delta_1 + \angle\ COD = 2\,R$$
$$\delta_2 + \varepsilon_1 + \angle\ DOE = 2\,R$$

$$(\alpha_1+\alpha_2)+(\beta_1+\beta_2)+(\gamma_1+\gamma_2)+(\delta_1+\delta_2)+(\varepsilon_1+\varepsilon_2)+4\,R=5\cdot2\,R$$

folglich $\quad \alpha + \beta + \gamma + \delta + \varepsilon + 4\,R = 5\cdot2\,R$

folglich $\quad \alpha + \beta + \gamma + \delta + \varepsilon = 5\cdot2 - 4\,R =$
$$(5\cdot2-4)\,R.$$

Th. $\alpha + \beta + \gamma + \delta + \varepsilon = (5\cdot2-4)\,R.$

Auf dieselbe Art läßt sich bewei=sen, daß die Summe der Winkel ist in einem

$$6\,\mathrm{ek} = (6\cdot2-4)\,R$$
$$7\,\mathrm{ek} = (7\cdot2-4)\,R$$
$$\cdot\ \cdot\ \cdot\ \cdot\ \cdot\ \cdot\ \cdot\ \cdot$$
$$n\,\mathrm{ek} = (n\cdot2-4)\,R.$$

In einem nek ist die Summe seiner Winkel gleich $(n\cdot2-4)\,R.$

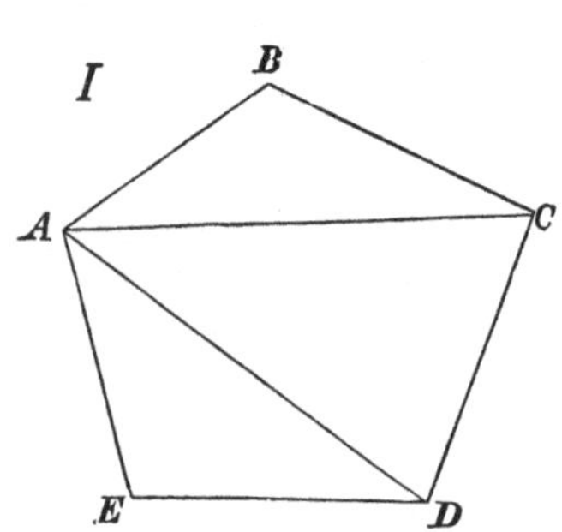

§ 118. Die Diagonalen.

Da sich von jeder Ecke eines neks nach allen Ecken Diagonalen ziehen lassen, ausgenommen nach der An=fangs=Ecke und nach den beiden Nach=bar=Ecken, so folgt nach Fig. I:

$F_1.$ Von jeder Ecke eines neks lassen sich $(n-3)$ Diagonalen ziehen.

Da ferner diese Diagonalen mit jeder neksseite Dreiecke bilden, ausge=nommen mit den beiden dem Anfangs=punkte anliegenden Seiten, so folgt:

$F_2.$ In einem neke werden von den Diagonalen einer jeden Ecke $(n-2)$ Dreiecke gebildet.

H. Gegeben ein nek und die von einer Ecke ausgehenden Diagonalen.

B. Das   1.   Dreieck ist bestimmt durch 3 Daten.
Dann ist das   2.   "   "   "   2   "
  "   3.   "   "   "   2   "
$\cdot\ \cdot\ \cdot\ \cdot\ \cdot\ \cdot\ \cdot\ \cdot\ \cdot\ \cdot\ \cdot\ \cdot$
  " $(n-2).$ "   "   "   2   "

das nek ist bestimmt durch $3 + (n-3)\,2$ Daten

$$\text{also durch } 3 + n \cdot 2 - 6$$
$$\text{also durch} \qquad n \cdot 2 - 3 \text{ Daten.}$$

Th. Das neck ist bestimmt durch (n · 2 — 3) Daten.

L₈₅   Das neck ist im allgemeinen bestimmt durch (n · 2 — 3) Daten.

F₃. Die Kongruenz zweier necke ist im allgemeinen durch (n · 2 — 3) übereinstimmende Stücke bestimmt.

H. Gegeben ein neck und seine sämtlichen Diagonalen. Fig. II.

B. Von jeder Ecke giebt es nach F₁ (n — 3) Diagonalen. Folglich müßte es von allen n Ecken n (n—3) Diagonalen geben. Da es aber zwischen 2 Gegenecken wohl 2 entgegengesetzte Diagonal=Richtungen, aber nur eine Diagonale giebt, so giebt es nur $\dfrac{n \cdot (n-3)}{2}$ Diagonalen.

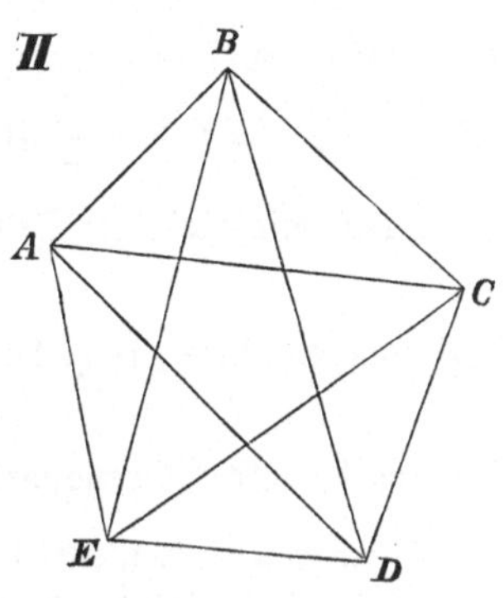

Th. In einem neck giebt es $\dfrac{n \cdot (n-3)}{2}$ Diagonalen.

L₈₆   In einem neck giebt es $\dfrac{n \cdot (n - 3)}{2}$ Diagonalen.

F₄. Die 5 Diagonalen eines Fünfecks bilden ein Stern=Fünf=eck. (Fig. II.)

Das reguläre neck.

§ 119. Die Winkel des regulären necks.

Die Summe der Winkel eines necks beträgt nach L₈₄ § 117 (n · 2 — 4) R. In einem regulären neck sind alle Polygonwinkel einander gleich, folglich ist jeder derselben gleich dem nten Teil dieser Summe.

F₁. Jeder Polygonwinkel eines regulären necks beträgt $\dfrac{n \cdot 2 - 4}{n} R$ oder $\left(2 - \dfrac{4}{n}\right) R.$

A. Es sollen bestimmt werden die Polygonwinkel eines regu=lären 1. Dreiecks, 2. Vierecks, 3. Fünfecks, 4. Sechsecks, 5. Zehnecks 2c.

§ 120. Das reguläre Sehnen-neck.

H₁. Gegeben ein Kreis mit Radius r, darin $AB = BC = a$ als ein Teil des Umfangs eines Sehnen=necks mit gleich langen Sehnen. Fig. I.

B_1. Zieht man $OA = OB = OC$, so sind alle zu den Sehnen gehörigen Central⸗Dreiecke kongruent; folglich ist $\angle AOB = \angle BOC = \frac{4}{n}$R. Da die kongruenten Central⸗Dreiecke gleichschenklig sind, so folgt nach L_{49} § 83, daß alle Basiswinkel derselben $\angle OAB = \angle OBA = \angle OBC = \angle OCB = 1\,\mathrm{R} - \frac{2}{n}\,\mathrm{R}$ sind; daß mithin alle Polygonwinkel gleich $\angle ABC = 2\,\mathrm{R} - \frac{4}{n}\,\mathrm{R} = \left(2 - \frac{4}{n}\right)\mathrm{R}$ sind, daß mithin das Sehnen⸗n⸗eck mit gleichen Sehnen ein reguläres Sehnen⸗n⸗eck ist.

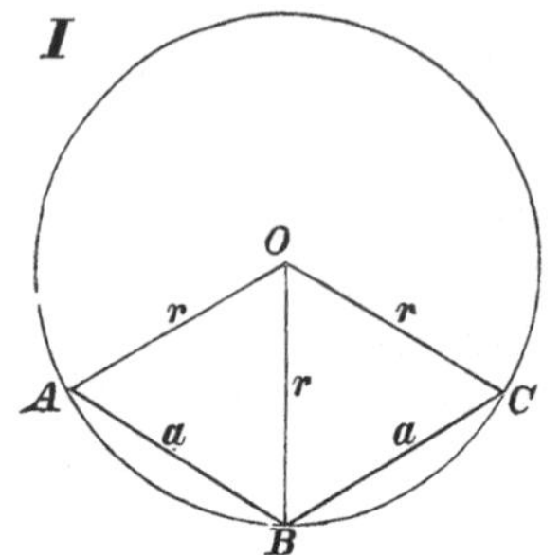

Th_1. ABC ist ein Teil des Umfangs eines regulären Sehnen⸗n⸗ecks.

Nun ist $\angle AOB = \frac{4}{n}\,\mathrm{R}$. $\frac{4}{n}\,\mathrm{R}$ ist durch den Transporteur konstruierbar, also ist auch ein reguläres Sehnen⸗n⸗eck konstruierbar.

L_{87} Wenn ein Kreis gegeben ist, so läßt sich in demselben stets ein reguläres Sehnen⸗n⸗eck mit Hilfe des Transporteurs konstruieren.

Für das reguläre Sehnen⸗Sechseck ist der zu seiner Sehne zugehörige Centri⸗Winkel gleich $\frac{4}{6}\,\mathrm{R} = \frac{2}{3}\,\mathrm{R} = 60^{\circ}$. Folglich sind die Basis⸗Winkel des zugehörigen Central⸗Dreiecks auch gleich 60°, folglich ist dasselbe ein gleichseitiges Dreieck.

F_1. Die Sehne des regulären Sehnen⸗Sechsecks ist gleich dem Radius des demselben umbeschriebenen Kreises.

F_2. Wenn ein Kreis gegeben ist, so kann in demselben stets ein reguläres Sehnen⸗Sechseck mit Zirkel und Lineal konstruiert werden.

Für das reguläre Sehnen⸗Viereck ist der zu seiner Sehne zugehörige Centri⸗Winkel gleich $\frac{4}{4}\,\mathrm{R} = 1\,\mathrm{R}$. Folglich ist das zugehörige Central⸗Dreieck ein gleichschenklig rechtwinkliges Dreieck.

F_3. Wenn ein Kreis gegeben ist, so kann in demselben stets ein reguläres Sehnen⸗Viereck mit Zirkel und Lineal konstruiert werden.

Wenn man den Centri⸗Winkel eines Central⸗Dreiecks halbiert, Fig. II, und in dem halbierten Bogen die gleichen Sehnen zieht, so entsteht ein neues reguläres Sehnen⸗Polygon, in dessen Umfang je 2 Sehnen zu einer Sehne des n⸗ecks gehören, dessen Umfang also $2\,n$ gleiche Sehnen hat. Ein Winkel kann nun mit Zirkel und Lineal halbiert werden. Also folgt:

F_4. Wenn ein reguläres Sehnen⸗n⸗eck gegeben ist, so kann

stets ein reguläres Sehnen=2neck mit Zirkel und Lineal konstruiert werden.

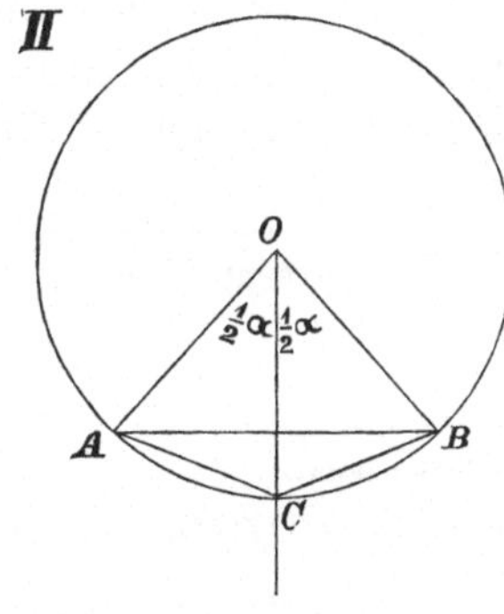

Da $AC + CB > AB$ ist und dieselbe Beziehung für den ganzen Umfang gilt, so folgt:

F_5. Der Umfang eines regulären Sehnen=2necks ist stets größer als der Umfang des regulären Sehnen=necks in demselben Kreise.

A_1. Gegeben ist ein Kreis. Es soll in demselben mit Zirkel und Lineal ein reguläres 1. Sehnen=Sechseck und 2. Sehnen=Viereck konstruiert werden.

A_2. Gegeben ein reguläres Sehnen=Sechseck. Es soll mit Zirkel und Lineal ein reguläres 1. Sehnen=Zwölfeck, 2. Sehnen=Vierundzwanzigeck konstruiert werden.

A_3. Gegeben ein reguläres Sehnen=Viereck. Es soll mit Zirkel und Lineal ein reguläres 1. Sehnen=Achteck, 2. Sehnen=Sechzehneck konstruiert werden.

H_2. Gegeben ein Teil des Umfangs eines regulären necks $ABCD$, mit $AB = BC = CD = a$ und $\angle ABC = \angle BCD = \alpha$. Fig. III.

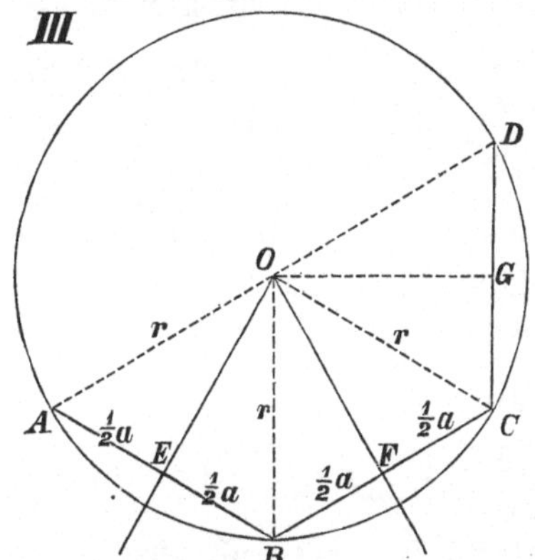

B_2. Konstruiert man das Centrum O desjenigen Kreises, dessen Peripherie durch die 3 Ecken ABC hindurchgeht, so daß $AE = EB = BF = FC = \frac{1}{2} a$ ist; so ist $OA = OB = OC = r$. Dann ist $\triangle OBE \cong \triangle OBF$, weil sie in der Hypotenuse und einer Kathete übereinstimmen. Folglich ist $OE = OF = \varrho$ und $\angle OBE = \angle OBF = \frac{1}{2}\alpha$, also auch $\angle OAE = \angle OCF = \frac{1}{2}\alpha$, folglich auch $\angle OCG = \frac{1}{2}\alpha$. Fällt man dann $OG \perp CD$, so ist $\triangle OCG \cong \triangle OCF$ nach dem VI. Kongruenzsatze. Folglich ist $OG = OF = \varrho$ und $CG = CF = \frac{1}{2}a$; folglich auch $DG = \frac{1}{2}a$, folglich $OD = OC = r$. Folglich muß die Peripherie, welche durch die drei Ecken ABC hindurchgeht, auch durch die vierte Ecke hindurchgehen.

Th_2. Die Peripherie, welche durch 3 Ecken hindurchgeht, geht hindurch durch die vierte.

Der Beweis liefert für jede folgende Ecke dasselbe Resultat.

L₈₈   Wenn ein reguläres neck gegeben ist, so läßt sich um das=selbe stets ein Kreis beschreiben.

Die von O auf die Seiten des regulären necks gefällten Lote sind alle einander gleich ϱ. Beschreibt man mit ϱ um O einen Kreis, so muß derselbe die Seiten des regulären necks in ihren Mittel=punkten berühren.

F₆. Der Mittelpunkt des einem regulären neck umbeschrie=benen Kreises ist zugleich der Mittelpunkt des demselben einbe=schriebenen Kreises.

§ 121. Das reguläre Tangenten-neck.

H₁. Gegeben ein Kreis mit Radius r; darin $\angle AOC = \angle COE = \frac{4}{n}R$; in den Endpunkten der Ra=bien Tangenten konstruiert, welche einen Teil des Umfangs eines Tangenten = necks $ABDE$ bilden. Fig. I.

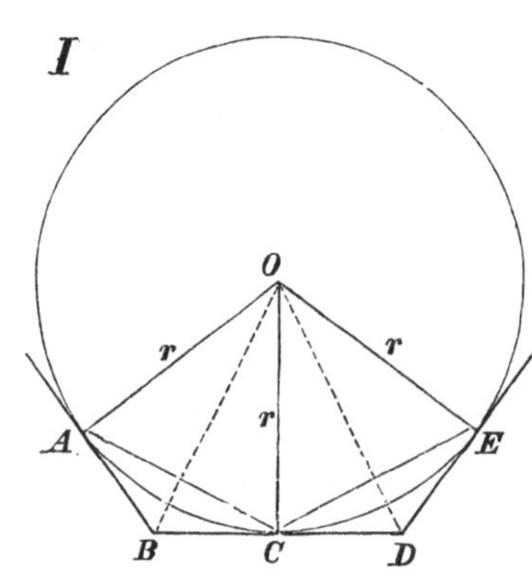

B₁. Da $\angle AOC = \angle COE = \frac{4}{n}R$ ist, so ist nach L₁₂ § 41 $\angle ABC = \angle CDE = 2R - \frac{4}{n}R = \left(2 - \frac{4}{n}\right)R$. Da mithin alle Tangenten = Winkel dieselbe Größe haben, so gehört $ABDE$ zu einem Tangenten=neck mit gleichen Polygonwinkeln. Zieht man OB und OD, so ist ebenfalls nach L₁₂ § 41 $\angle AOB = \angle BOC = \angle COD = \angle DOE = \frac{2}{n}R$, und $\angle OBA = \angle OBC = \angle ODC = \angle ODE = \left(1 - \frac{2}{n}R\right)$, und ferner $AB = BC$ und $CD = DE$. Folglich ist $\triangle BOC \cong \triangle COD$ nach dem V. Kon=gruenzsatze, folglich ist $OB = OD$ und $BC = CD$, folglich auch $CD = DE$ 2c. Folglich sind die Hälften aller Polygon=Seiten gleich, also auch die ganzen Polygon=Seiten.

Th₁. $ABDE$ bildet einen Teil des Umfangs eines regulären Tangenten=necks.

L₈₉   Wenn ein Kreis gegeben ist, so läßt sich um denselben stets ein reguläres Tangenten=neck mit Hilfe des Transporteurs konstruieren.

Zieht man AC und CE in Fig. I, so bilden dieselben nach L₈₇ einen Teil des Umfangs eines regulären Sehnen=necks.

F_1. Wenn ein reguläres Sehnen=neck gegeben ist, so läßt sich um denselben Kreis stets ein reguläres Tangenten=neck konstruieren.

F_2. Wenn ein Kreis gegeben ist, so läßt sich um denselben stets ein reguläres Tangenten=Sechseck und Tangenten=Viereck mit Zirkel und Lineal konstruieren.

F_3. Wenn ein reguläres Sehnen=neck gegeben ist, so läßt sich um denselben Kreis stets ein reguläres Tangenten=2neck konstruieren.

Wenn AB in Fig. II die Seite eines regulären Sehnen=necks ist, so sind nach L_{89} AC und BC die beiden Hälften von 2 Seiten eines regulären Tangenten = necks für denselben Kreis. Nun ist $CA + CB > AB$. Also folgt:

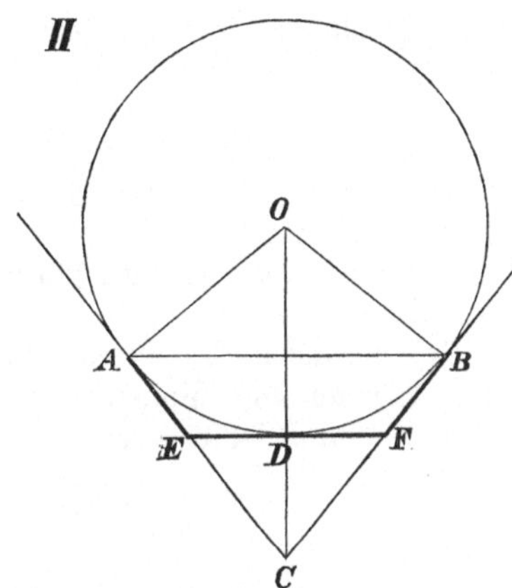

F_4. Der Umfang eines regulären Tangenten = necks ist stets größer als der Umfang eines regulären Sehnen=necks in demselben Kreise.

Wenn man in Fig. II $\angle AOB$ durch OC halbiert und in D an OD die Tangente konstruiert, so sind $AE = ED = DF = FB$ 4 Hälften der Seiten eines regulären Tangenten=2necks. Dann ist $EC + CF > EF$, also auch $AE + EC + CF + FB > AE + EF + FB$, folglich $AC + CB > AE + EF + BF$, folglich jede Seite des regulären Tangenten=necks größer als die Summe von 2 Seiten des regulären Tangenten=2necks.

F_5. Der Umfang eines regulären Tangenten=2necks ist stets kleiner als der Umfang des regulären Tangenten=necks für denselben Kreis.

H_2. Gegeben ein Teil des Umfangs eines regulären necks, dessen Seiten gleich a, dessen Winkel gleich α sind. Fig. III.

B_2. Konstruiert man das Centrum O des Kreises, welcher die 3 ersten Seiten AB, BC und CD in F, G und H berührt, so daß $\angle OBA = \angle OBC = \angle OCB = \angle OCD = \frac{1}{2}\alpha$ ist; so ist $OF = OG = OH = \varrho$. Dann ist $\triangle OGB \cong \triangle OGC$ nach dem VI. Kongruenz=Satze, also ist $BG = GC = \frac{1}{2}a = BF = FA = CH = HD$ und $OB = OC = r$. Ferner ist $\triangle OHC \cong \triangle OHD$ nach dem II. Kongruenz=Satze, folglich $\angle ODH = \angle OCH = \frac{1}{2}\alpha$, folglich auch $\angle ODE = \frac{1}{2}\alpha$, und folglich $OD = OC = r$. Fällt man nun $OK \perp DE$, so ist $\triangle ODK \cong \triangle ODH$ nach dem VI. Kongruenz=Satze. Folglich ist $DK = DH = \frac{1}{2}a$, also auch $KE = \frac{1}{2}a$;

folglich ist $OK = OH = \varrho$;

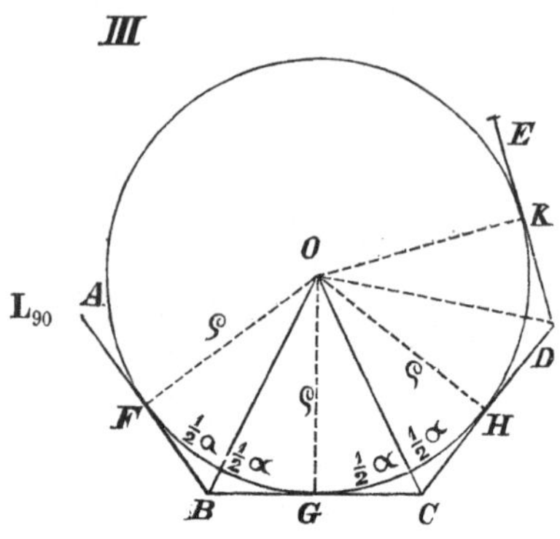

folglich berührt die mit ϱ um O beschriebene Peripherie auch die vierte Seite DE.

Th$_2$. Der Kreis, welcher 3 Seiten des regulären Polygons berührt, berührt auch die vierte Seite.

Derselbe Beweis liefert für jede folgende Seite dasselbe Resultat.

Wenn ein reguläres n eck gegeben ist, so läßt sich in dasselbe stets ein Kreis beschreiben.

Die Verbindungs-Linien von O mit den Ecken des Polygons sind alle gleich lang.

F$_6$. Der Mittelpunkt des einem regulären n eck einbeschriebenen Kreises ist zugleich der Mittelpunkt des demselben umbeschriebenen Kreises.

F$_7$. Wenn ein reguläres n eck gegeben ist, so läßt sich in und um dasselbe stets ein Kreis beschreiben.

F$_8$. Wenn ein Kreis gegeben ist, so lassen sich in und um denselben stets reguläre Sechsecke und Vierecke und Polygone von ihrer doppelten Seitenzahl mit Zirkel und Lineal konstruieren.

§ 122. Der Kreis.

Die Peripherie-Elemente sind nach § 37 unendlich kleine Gerade. Zu gleichen Peripherie-Elementen gehören nach G$_{20}$ § 37 gleiche Centri-Winkel, und umgekehrt. Das Peripherie-Element ist zugleich nach F$_1$ § 44 die kleinste von allen Sehnen des Kreises.

F$_1$. Die Peripherie eines Kreises ist ein reguläres Sehnen-n eck von der größten Seiten-Anzahl.

Der Umfang eines regulären Sehnen-2 n ecks ist nach F$_5$ § 120 stets größer als der Umfang eines regulären Sehnen-n ecks in demselben Kreise.

F$_2$. Die Peripherie eines Kreises hat von allen regulären Sehnen-n ecken den größten Umfang.

Die Tangente einer Peripherie giebt nach E$_{67}$ § 40 die Richtung eines Peripherie-Elementes an.

F$_3$. Die Peripherie eines Kreises ist ein reguläres Tangenten-n eck von der größten Seitenzahl.

Der Umfang eines regulären Tangenten-2 n ecks ist nach F$_5$ § 121 stets kleiner als der Umfang eines regulären Tangenten-n ecks um denselben Kreis.

F$_4$. Die Peripherie eines Kreises hat von allen regulären Tangenten-n ecken den kleinsten Umfang.

F₅. Wenn ein reguläres Sehnen-neck gegeben ist, und man fortgesetzt die regulären Sehnen- und Tangenten-2necke konstruiert, so nähern sich ihre Umfänge um so mehr ihrer Kreis-Peripherie, je größer die Seitenzahl wird.

Ein Peripherie-Element ist eine unendliche kleine Gerade. Ein aus Peripherie-Elementen bestehender Umfang eines regulären necks läßt die Radien des ein- und umbeschriebenen Kreises nicht mehr unterscheiden.

L₉₁ Die Peripherie eines Kreises ist ein reguläres Sehnen- oder Tangenten-neck von so großer Seitenzahl, daß die Radien des ein- und umbeschriebenen Kreises als gleich lang erscheinen.